趣味科学丛书

趣味数学全集

〔俄〕别莱利曼⊙著

余　杰⊙编译

天津出版传媒集团

天津人民出版社

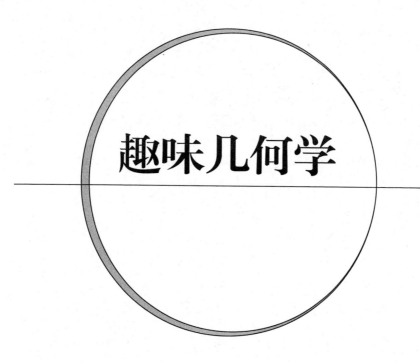

趣味几何学

第一章

树林中的几何学

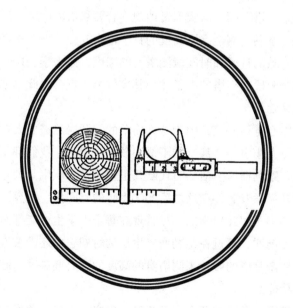

1. 阴影的长度

在我很小的时候，有件事给我留下了难以磨灭的印象，以至于到了今天它依然在我脑海回旋。有一天我看到一个有些谢顶的护林员正在测一棵大松树的高度，但是他并没有爬树，更没有将树伐倒去测，而是站在树下用一个精巧的链尺进行测量。我还以为他要拿着链尺爬树，然而老护林员只拿了块方形的木板对着树梢比画了一下就说已经测完了，我还以为测量刚刚开始。

当时我尚未成年，我认为用不着爬树更不用砍倒大树来测量树的高度的方法简直不可思议。等学了几何学的一些基本知识后，我才发现老护林员的测高法简直再简单不过了，而且利用物体的投影测物体高度的方法数不胜数。

最早的简便实用的测高法是泰勒斯（古希腊哲学家）在公元前六世纪时测金字塔时选用的方法。他当时就利用了塔的投影。当时法老与祭司围在最高的金字塔下面，满腹狐疑地观察着要靠塔的阴影来测塔高的泰勒斯。据传说，泰勒斯测金字塔高度的日子很讲究，一般会选择在他的影子与身高基本一致的日子和时间段测塔身的高度，原来泰勒斯经过反复试验发现唯有那个时段金字塔的影子才与其高较为接近。由此看来，我们的影子并非一无是处。

大家可能会觉得好笑，因为这么简单的问题居然需要大哲学家泰勒斯出面，而这点儿小事如今甚至难不倒小孩子。但是，我们都是在应用他们的成果而已，泰勒斯所生活的时代欧几里得还没有出生。大家可能都记得欧几里得的几何学专著，在这之后2000多年的时间里，世界上的人就是依赖欧几里得的书了解几何学的。尽管现在每个中学生可能都对欧几里得书中的定理耳熟能详，不过在泰勒斯所生活的时期它们还没被人们所知悉。泰勒斯要利用金字塔的影长来测塔身的高度的确有些难度，起码得了解三角形的一些特征：

其一，等腰三角形的两个底角相等；反之，如果三角形的两个角一样大，那么它们所对的边也相等。

其二，任何三角形的内角之和均为180°。

正因为泰勒斯了解上面的这些知识，他才认定，在他的投影和身高相同的时候，太阳会呈45°角照射在大地上，所以就有下面的结论：金字塔的塔尖、塔底的中央与塔投影的端点会形成一个等腰三角形。

在天气晴朗的时候，我们可借助这个方法测独立生长的树木的高度，因为树木的投影不与周围的树木投影重叠。但是，在纬度较高的地方，基本不易碰上适合测物体高度的时间，因为这些地带的太阳一直徘徊于地平线周边。正因为如此，一年当中唯有夏天的正午，影子才和物体同高。这么看来，泰勒斯的方法也不是十全十美的。

不过在晴好的日子里，只需对该方法稍加改进就能借助一切物体的投影来进行测量，无须考虑它们投影的长度。这不仅需要测量物体的投影长，还得测自己影子或木杆投影的长度，依据它们相互间的比例关系推算出要测物体的高度：

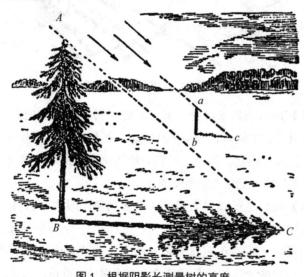

图1　根据阴影长测量树的高度

$$AB : ab = BC : bc$$

可以看出，大树的影子是你影子（或长杆阴影）长度的多少倍，大树的高度就是你身高（或长杆高度）的多少倍。

该结论依照的是△ABC∽△abc（相似三角形的对应角相等）的几何原理。

也许有的朋友会不以为然，觉得这个方法太简单，根本没有必要去几何学里找理论依据：难道离开了几何学，人们就无法知道树高多少倍，树的投影就长多少倍的道理？然而，事实并非如此。你不妨把这个结论用于路灯映射上，试一试就能知道该结论不是万能的。在图2中可以发现，木柱AB长度是木桩ab长度的3倍，但木柱的投影却相当于木桩投影（BC∶bc）的8倍。只有借助几何学才能解释为何这种方法在这种状况下有效，而换一种情形就不可用。

图2　泰勒斯测高法不适用的几种情况

　　【题目】我们一起来讨论一下二者的不同。关键之处在于，太阳光线洒向地面时它们之间非常近似平行状态，但是路灯抛洒出的光线并不平行。这一点很容易察觉，但是，我们为什么说太阳光是平行光呢？我们一直认为，阳光从出发的地方就有交点了。

　　【题解】我们之所以说太阳光线照射到地球时为平行线，是因为太阳光的光线互相之间的角度非常小，这一点借助一个简单的几何运算就能消除我们的疑虑。现在设定自太阳上的一个点往地面上投下了两束光，分别投向地面的两个位置。假设两个位置相距1 000 m，那么，如果我们将圆规的一只脚摆放到投出光线的那点，而用另外一只脚以太阳同地球之间的长度（$15×10^7$ km）为半径作一个圆，两束光线半径间的圆弧就长1 000 m，圆的周长是$2π×15×10^7=9.4×10^8$ km。推算下来，圆周上的任何1°圆弧的弧长均为$\dfrac{1}{360}$，也就是$2.6×10^6$ km；继续推导下去，1弧分就该为1度的$\dfrac{1}{60}$，为$4.3×10^4$ km了；而1弧秒就将是1弧分的$\dfrac{1}{60}$，很显然为

7.2×10^2 km。我们设定弧长为1 000 m，按理，和它相对的角应该为$\frac{1}{720}''$。这么小的角度，天文学上最精密的仪器都派不上用场。因此，在生活中我们可以认为太阳的光线是平行线[1]。

　　如果我们不了解上面提到的几何学知识，就无法找到利用投影断定高度这一方法的理论依据。在你试着将借助投影长测物体高度的方法用于实际生活时，便可知这个方法还存在一些不足。因为投影尽头的界限十分模糊，投影的精确长度不易测到。阳光下，每个物体的投影尽头都存在一个颜色暗淡的半影，根本无法准确分辨，致使投影的界限很难划定。这是因为，太阳并不是一个很精确的点，而是一个由众多发光点组成的发光体。图3告诉了我们大树投影BC后存在的、慢慢暗淡模糊的半影CD的来源。半影的两个端点C、D之间和树梢A构成的∠CAD与我们日常看到太阳之时的夹角一样大，都是$\frac{1}{2}$°。两个投影测量时存在修正值的情况，即使太阳的高度不低，都有可能是5%或更大。该修正值再加上如地面不够平坦等无法回避的原因构成的修正值，会使测出的结果更加远离精确值，比如在多山地带，这个方法就会失效。

图3　半影的形成

[1]　当然，从太阳投向地球直径两端的光就无法再看作平行光了，它们之间的角度完全可以测出来（在17″左右）。这个角度定下来后，为天文学家提供了一个测量地球和太阳之间间距的方法。

2. 别的办法

不用投影来测量物体的高度也行得通，并且方法数不胜数，我们就和大家探讨两种最简单的。

第一种：可以借助一小方木板与三枚大头针做一个简易的测具，有了这个测具，我们再结合等腰直角三角形的特征就能测量出物体的高度了。

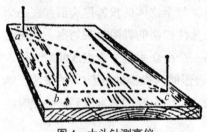

图4　大头针测高仪

随意找一块小点的木板或一块光滑的树皮，在较为光滑的那面找到三个点，把三枚大头针固定在这三个点并令这三个点之间的连线呈直角三角形（见图4）。如果你身边没有直尺与圆规这些作图工具也没关系，只需找张纸对折一次，将折痕对齐后再次折叠即可出现90°角。折叠出的三角形也能作为圆规用，比如量出相同的距离。

你很快就会意识到，就算你身居野外也能做得出这种测量工具。

它的用法也不难：与大树保持一定的间距，将制作好的测量工具拿在手里，并让90°角的一条边处于垂直状态（只需在90°角的一条直角边上面的大头针之上系根垂下的带重物细绳即可）。之后逐渐靠近或远离大树，会发现存在一个点A（见图5），自点A途经大头针a、c遥看树梢时C点会被两枚大头针挡住。此时直角三角形中的斜边ac延长线将与树梢交于点C。

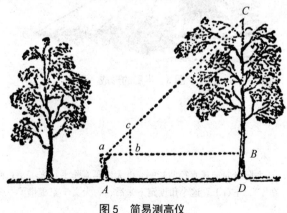

图5　简易测高仪

此时由于∠a=45°，于是aB=CB。

于是，用aB或AD的长加上瞳孔距地面的高度，就是树的高度。

第二种：这种方法只需要一根木杆。选好位置将其钉入地下，令其地上部分和你眼高相等并且要在你平躺之后木杆的顶端正好能够挡住树梢，如图6。此时△Aba为等腰直角三角形，于是∠A=45°，AB=CB。根据这一点，即可测量出树的高度。

图6　用简易测高仪测树高的方法

3. 奇怪的测高法

以下介绍的测量物体高度的方法也颇有趣，《神秘岛》的作者儒勒·凡尔纳就曾在这本小说中讲了这么一个方法：

"今天我们去量量眺望岗有多高。"史密斯先生道。

"要带哪些测量用具？"哈伯特问道。

"不用，什么都不用带。我们今天用一种特别的方法测量，虽然简单但是精确度不低。"

哈伯特很奇怪，于是就紧随着史密斯先生走下花岗岩，来到岸边。打算学习一下。

史密斯先生带着根足有12英尺（1英尺约合0.3米）长的木质直杆，和自己的身高比画了半天。他为了严谨，还是比画了一下，虽然他知道自己到底多高。哈伯特紧紧追随着他，随身携带着史密斯先生让他带的悬锤。

他们走到了距花岗岩大概500英尺的地方。

史密斯先生往地里钉木杆，让它深入地底大概2英尺，并用悬垂校对了木杆的垂直度。接着，他走出去一段后，仰面躺在了沙地上，发现木杆的上端和峭壁的边位于一条直线上（见图7）。于是，他在自己躺过的位置拿木橛标记了一下。

"你还记得几何学的基础知识吗？"史密斯先生从地上爬起来问哈伯特。

"记得。"

"相似三角形的特征还记得吗？"

"当然，一旦三角形相似，其对应边就成比例。"

"很好。那么，我马上就给你构造两个相似的直角三角形。这根垂直的木杆就是小三角形的一条边，另外一个边是木杆和木杆底部的间距，弦是我的视线。第二个三角形的一条边为需要我们测量的岩壁，而另外一条边是木橛与岩壁底部的间距，同样地，我的视线是弦，而且两条弦的方向相同。"

"懂了！"哈伯特兴奋起来了，"木杆与木橛的间距和岩壁底部与木橛的间距的比值同木杆高与岩壁高的比值相等！"

"是的。因此，测到前面的两个数据后根据木杆的长度就能很方便地得到岩壁高，不用直接去测量。"

水平方向的两个间距我测到了：长的为500英尺；短的为15英尺。

量完以后，史密斯先生的记录如下：

$$15:500=10:x$$

$$500 \times 10=5\,000$$

$$50\,000 \div 15=333.3$$

也就是说岩壁高为333英尺。

图 7　小说《神秘岛》中的测高法

4. 侦察兵如何测高

上述的测高法还需人躺在地上。这的确不是很方便，因为在某些情况下，人根本无法躺在地上。

下面我们要讲的故事发生在某次战争期间。伊万纽克中尉的小分队被指派在山涧上架桥，但是山涧对面已在敌方的掌控之下。于是伊万纽克命令波波夫带领一个侦查小组去选取架桥的地点。他们在邻近的林子里测了常见树木的直径和高，并算出了架桥需要的树木总量。

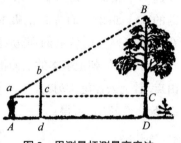

图8　用测量杆测量高度法

波波夫上士和其他侦查员仅用了一根测量杆（一根木杆）就测得了树的高度（见图8）。具体的步骤如下：

找根超过自己身高的木杆，然后将其垂直插入要测量的树附近的地面。接着，面向大树沿着和Dd同一条直线后退，到A点停住。由A点遥看树顶，可发现量杆的顶端b同树顶处于一条直线。然后，保持这个姿势顺着aC去看，记下能望见量杆和树身的c点及C点并标记。之后便可依据△abc∽△aBC，列出下面的式子：

$$\frac{BC}{bc} = \frac{aC}{ac}$$

经整理变形后有：

$$BC = bc \times \frac{aC}{ac}$$

bc和aC及ac都能测出，只要将CD的值（也能借助量杆测到）与BC的值相加，就能求得树木高度。

为了算出林子里树木的数量，侦查小分队测得了树林的面积。中尉根据这些条件求出了在这片50 m × 50 m的土地上生长着的树木总数，之后借助了一些乘法运算就得到了他们架桥需要的数量。

依靠侦查结果，前线指挥部确定了架桥地点和桥的样式，按期修好了桥，取得了战斗的胜利。

5. 记事本量具

要测量爬不上去的那些地方的高度，可借助随身携带的记事本以及记事笔来进行。借助它们，可在空间搭建起两个相似三角形，并求得我们所需的高。如图9，首先将记事本垂直放在眼睛前方，用插笔的那边对着被测物，而后将笔朝记事本的上面推，直到由点a看上去让笔尖b挡住了树梢B。因$\triangle abc \backsim \triangle aBC$，可得：

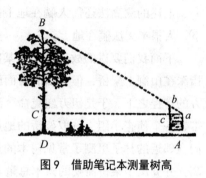

图9　借助笔记本测量树高

$$BC : bc = aC : ac$$

bc、aC与ac之长都能测出。之后将CD的值加上BC的值，CD长为你在平地上瞳孔至地上的间距。

记事本宽ac不变，因此，若是你的位置始终与需测量的树木的间距相等（比如10 m远的地方），决定树高的就是笔伸出记事本的那段，即bc。于是应算好笔在推力作用下超出记事本的各个部分各代表树的那些部位的高度，且应将这些具体的数字标记在笔杆上。如果这样做了，记事本就会成为一个简单的测高工具，无须运算就可随时随地测定物体的高度。

6. 从远处测量树木高度

生活中经常需要求一些无法接近的树的高，那么该如何做呢？

人类发现并制作了一种很巧妙的测量工具，和上面探讨的测量工具一样，这种工具同样可以自行制造：用两根长木板构造出90°角并固定好，令$ab=bc$，$bd=\dfrac{1}{2}ab$即可。使用时，通常先要校对木板cd的垂直度，之后将其举起，分别选取两个观测点进行测量，方法见图10。

以A点作为起点测量，让测量工具的c端向上，之后站在远离A点的A'点开始测量并使d端向上。自点a向c看去，令c和树梢B位于一条直线上，此时位置定位为A；之后由a'朝d'遥望，令d'和B重合，这时位置定位为A'。

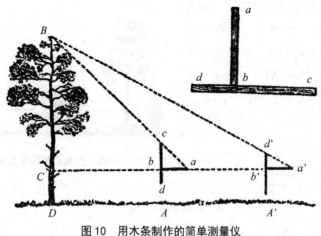

图 10　用木条制作的简单测量仪

测量工作的关键之处就在于找到A点和A'点，这是因为需测的树的一段BC的长度和AA'的长度相等。由下面的关系式，我们不难搞清楚BC和AA'的等式关系：

由于

$$aC=BC, \quad a'C=2BC$$

因此

$$a'C-aC=BC$$

也就是说，我们无须行至距树底部的间距小于树高的位置，便可用这个我们自己加工的测量工具量出树的高度。假设能靠近大树，只需确定A与A'任何一点，就能测出树的高度了。

当然，也可不用板条，找一块大小适中的木板，然后用4枚大头针固定于和a、b、c、d点相对应的位置即可。很显然，和上面介绍的测量工具比较起来，这个测量工具更加简单。

7. 林业人员的测高工具

下面介绍林业工作者平时用的一样测高工具。虽然测高工具有很多种，不过我只讲其中一种的变形，目的是为了方便读者自己制作。图11即为该测高仪的构造原理，它是由硬纸板或木板加工而成的，是标有abcd标注的方形装置。测量者需手握它，顺着ab延长线去看，调整方板的倾斜

度来让树梢同 ab 边位于同一条直
线。于 b 绑一根细绳，并在它的
末端绑上小重物 q，细绳与 dc 交
点为 n，此时 $\triangle bBC \backsim \triangle bnc$。根
据这些条件可知 $\angle bBC = \angle bnc$，
于是有：

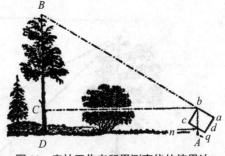

图11　森林工作者所用测高仪的使用法

$$\frac{BC}{nc} = \frac{bC}{bc}$$

因而

$$BC = nc \times \frac{bC}{bc} = bC \times \frac{nc}{bc}$$

因为 bC、nc 和 bc 的长度很容易测量出来，所以，仅用 CD（测高仪与
地面的间距）与前面求出的 BC 相加即可得出树木高度。

假设我们令 $bc = 10$ cm，并在 dc 上标注出厘米的单位长度，这意味着 nc
和 bc 的比值可用分数代替，即能直观地看出 BC 占 bC 的比例。我们以实例来
说明，悬锤在刻度7（$nc = 7$ cm）的位置，那么，树木位于瞳孔高度之上的
高度就为观察者到树干距离的 $\frac{7}{10}$。

另外一个经改动的地方就是测者的观察方法，为了沿 ab 这条线观察起
来方便些，不妨于纸板上面角的部位制作两个正方形，分别穿大小不同的
两个孔，小孔放在眼睛前面，借助大孔观察树梢，见图12。

图12中，测高仪和实物的尺寸基本一致，是更实用的测高工具。制作
这样的测高仪并不难，无须高深的技巧，耗时也短。它能在你旅行时帮你
测物体的高度，比如树、电线杆及建筑等的高（这个简易装置也是作者研
制出的成套的"户外几何学"测具中的一种），并且体积并不大。

那么，可不可以用我们上面介绍的测高仪，来测量不能接触的大树的
高度呢？方法是怎样的呢？

如图13所示，用测高仪上的 A 和 A' 两点分别对准树梢上的 B 点。如果我
们在点 A 测得 $BC = 0.9AC$，在点 A' 测得 $BC = 0.4A'C$，那么有：

$$AC = \frac{BC}{0.9}$$

$$A'C = \frac{BC}{0.4}$$

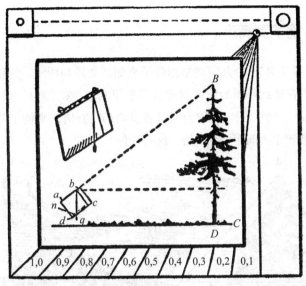

图12 林业人员所用的测高工具

于是：

$$AA'=A'C-AC=\frac{BC}{0.4}-\frac{BC}{0.9}=\frac{25}{18}BC$$

于是可得$AA'=\frac{25}{18}BC$或$BC=\frac{18}{25}AA'=0.72A'A$。

可见，只要测得两个观察点的间距AA'，我们就可借助确定的比例求出无法靠近的大树的高度。

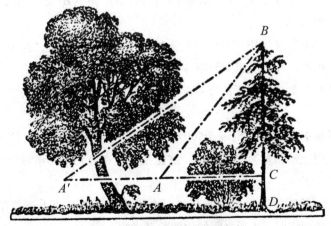

图13 不便靠近的大树的测量法

8. 用镜子测高度

【题目】还有一个办法就是用镜子来测。如图14所示，测量的人拿一个平面镜平着放到要测的大树附近，即平坦的地点C，然后退到能望见树梢A处的点D。此时若树高AB为测量者身高ED的x倍，则镜子与树根间距BC为镜子到测量人间距CD的x倍。这是为何？

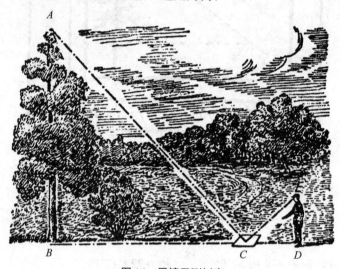

图14　用镜子测树高

【题解】镜子测高法的原理是光的反射定律。如图15所示，树梢部分点A由点A'反射而出，此时AB等于A'B。由△BCA'∽△CED，则A'B:ED=BC:CD。

这个既简单又实用的方法不受天气条件的影响，只是，这个办法只适宜测单个树木，并不能用于测密林中的树木。

【题目】如果遇到无法靠近的大树，又该如何用镜子测高法测树的高度呢？

【题解】这道题目出现于500年前。大家去查阅安东尼·德·克雷莫纳的《实用土地测量》即可知道，这位数学家在公元1400年时就在钻研这个问题了。

这个问题需要两次镜子测高法。在两个不同测量点上测量结果后制图，依靠两个相似三角形之间的比例关系求得：

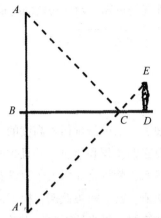

图15　镜子测高法的几何示意图

$$树高 = \frac{测量者瞳孔高度 \times 两次测量时镜子间距}{两次测量时测量人到镜子距离差}$$

在终结测量树高的话题前，我想留给大家一道与密林相关的题。

9. 松树

【题目】有相距40 m的两棵松树，分别高31 m和6 m。那么两棵松树树梢相距多远（图16）？

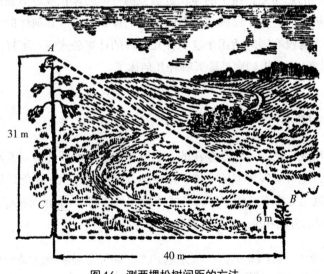

图16　测两棵松树间距的方法

【题解】由勾股定理我们可知，两棵松树的树梢相距：

$$\sqrt{40^2 + 25^2} \approx 47 \text{ m}$$

10. 树干

你现在应该已经掌握了六七种测量树木高度的方法了。也许你不满足于只测量树高，还想知道它的体积和质量，并且想要根据这些计算得知能否用车拉走整个树干。然而，就算是业内人士也没有精确测量这两种数据的方法，只能计算出近似值。就算树被砍倒，树干被去皮，其精确的质量和体积也很难求，毕竟就算树干再光洁平整，也并非规则的几何体。因为其"生成线"并非直线而是曲线，并且是一条凸向树干中轴的曲线[1]。

因此，要取得树干体积的近似值只能用积分的办法。也许有的读者不能理解，只是求一根普通圆木的体积有必要用到高等数学？在大多数人的意识里，高等数学仅用于解决一些特殊的问题，平日遇到的问题，初等数学就能应付得了。这个想法可不对。虽然借助初等数学能求得恒星或行星的体积，不过，要想求出普通圆木的体积或啤酒桶的体积，我们就不得不借助解析几何和积分。

当然，高等数学不在我们的讨论范围内，我们仅需求得树干体积的近似值。我们的思路是，树干的体积近似截圆锥体的体积或近似圆锥体的体积（连上树梢），一小段圆木近似圆柱体的体积，这些几何体的体积都不难求。那么有没有同时适用于这三种几何体的计算公式呢？那样的话，我们就不会纠结于树干到底是接近哪种几何体了。

11. 万能的体积公式

这样用途广泛的公式是存在的，它既能用于求解圆柱、圆锥及其截圆锥的体积，也可解答类似棱柱体、棱锥体及锥体的体积，还能计算球体的体积。它就是非常有名的辛普森公式。设几何体高h，下底面积b_1，上底面积b_3，中间部分面积b_2，于是辛普森公式为：

---

[1]　这种形式的曲线非常接近"立方抛物线"（$y^2 = ax^3$），这种抛物线转动生成的物体叫聂尔氏体，求其体积要用到高等数学方面的知识。

$$V = \frac{h(b_1 + 4b_2 + b_3)}{6}$$

【题目】证明此公式可以求棱柱（锥）体、截锥体、截圆锥体、圆柱（锥）体及球体的体积。

【题解】此证明并不困难，只需将数据代入即可。

见图17（a），计算棱柱（圆）体的体积结果为：

$$V = \frac{h(b_1 + 4b_2 + b_3)}{6} = b_1 h$$

见图17（b），计算棱（圆）锥体的体积结果为：

$$V = \frac{h}{6}(b_1 + 4 \times \frac{b_1}{4} + 0) = \frac{b_1 h}{3}$$

见图17（c），求截圆锥体的体积结果为：

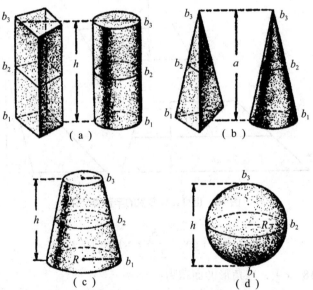

图17　用一个公式就可以计算出其体积来的几种几何体

$$V = \frac{h}{6}[\pi R^2 + 4 \times \pi (\frac{R+r}{2})^2 + \pi r^2]$$

$$= \frac{h}{6}(\pi R^2 + \pi R^2 + 2\pi Rr + \pi r^2 + \pi r^2)$$

$$= \frac{\pi h}{3}(R^2 + Rr + r^2)$$

见图17（d），求球体的体积结果为：

$$V = \frac{2R}{6}(0 + 4\pi R^2 + 0) = \frac{4}{3}\pi R^3$$

【题目】除了求体积，我们还可以借助它来求平面图形的面积S，比如平行四边形、梯形及三角形的面积。

【题解】现在设图形高h，下底长b_1，上底长b_3，中间部分线段长b_2，将上边的量带入辛普森公式可得：

见图18（a），平行四边形（含正方形和矩形）的面积为：

$$S = \frac{h(b_1 + 4b_1 + b_1)}{6} = b_1 h$$

见图18（b），梯形的面积为：

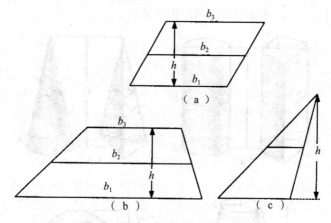

图18　也可计算面积的辛普森公式

$$S = \frac{h}{6}(b_1 + 4 \times \frac{b_1 + b_3}{2} + b_3) = \frac{h}{2}(b_1 + b_3)$$

见图18（c），三角形的面积为：

$$S = \frac{h}{6}(b_1 + 4 \times \frac{b_1}{2} + 0) = \frac{b_1 h}{2}$$

辛普森公式真是名副其实的万能公式。

12. 树木的体积及质量

我们已经学过了辛普森公式，那么无论伐倒的树是圆柱（锥）体还是截圆锥体，都可借助该公式求得伐倒的树干的体积。不过，要使用该公式首先必须测出树干的长度，以及它的上底面、下底面和中间截面的面积，上下底面的面积不难测量，然而在不使用专门测量工具[1]的情况下不太容易测得中间截面的面积。

不过，虽然麻烦了点，但是方法还是有的，可以利用绳子测量周长，之后根据圆的周长公式逆推求得半径乃至直径，从而求出中间截面面积。根据这种方法求出的体积精确度能满足诸多方面的要求，不过如果单纯用将树干体积当作一个大圆柱体的体积并令圆柱体底面的直径与树干中部的直径相等，计算的精确度就会大打折扣：可能比真实值小12%。但如果将整棵树分成N段2 m长的段，求出各个部分的体积并相加，同样能够得出树干的体积，这样得到的结果精确度还是比较高的，和真实结果之间的差值在2%～3%。

图19　林业人员的量径尺

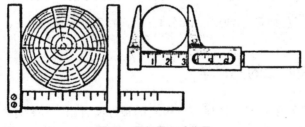

图20　量径尺和千分尺

---

[1]　即"直径尺"（图19、图20左），相似的测具有千分尺（图20右）等，可以测量圆形制品。

图 21 何为"材积系数"

不过，这种方法只适用于被砍倒的树木。对于仍然生长的树木，不爬树的话可以测树干下部的直径之后计算出较为接近的结果。从事林业生产的人多数情况下也会选择这种办法，测得齐胸即距地面130 cm的地方（这个位置易于测量体积）的树干的直径，根据这一数据以及"材积系数表"去求树木的体积（如图21所示）。

当然，"材积系数表"会由于树的种类与树干高度不同以及树干形状的变化而不同，只是这种变化并不会很大：密林中的松树树干同云杉树的树干，一般在0.45～0.51这个范围内变化，经常是0.5。于是，树干的总体积约为具有同样高度和齐胸高度时的直径的圆柱体体积的$\frac{1}{2}$，这样判断误差并不会很大。

虽然它只是估计出的近似值，但是这个结果的误差并不大，只会比真实值大2%或小10%[1]。除此之外，1 m³松树或云杉的原木质量为600 kg～700 kg，它的高度是28 m，齐胸高树干周长为120 cm。此时其近似圆形的截面积为1 100 cm²或0.11 m²，此时树干体积应为$\frac{1}{2}\times0.11\times28\approx1.5$ m³。现在设1 m³云杉质量为650 kg，可知1.5 m³云杉质量约1 t。

13. 树叶上的几何学

【题目】在一棵大杨树下，由它的根部又冒出来一棵小杨树。扯下小树上的叶子观察，会发现它比大杨树上的叶子大很多。因为小杨树长在

---

[1] "材积系数"仅适用于密林中细高、平滑、无节的树木,独立、枝多的树干则不适用。

大杨树的阴影下，只有增加自己的叶面面积才能吸收到自己生长需要的阳光。虽然这个问题应由植物学领域的人去探究，不过身为几何学家，还是可以探讨一下小杨树叶子面积究竟是大杨树叶子的几倍。

如何求解？

【题解】计算这道题目的方法有两种：第一种，逐个算出每片树叶的面积，再计算它们的比值。测量树叶面积可用带固定大小方格的透明纸来完成。这个方法很简单，但是要细心，优点在于其能够测量形状怪异的叶子面积。

第二种，可以用叶子的相似性求解，这需要两棵树的叶子形态很接近才行。我们知道，树叶的面积比值等于其直线大小的平方比，于是只需要测量其直线大小比值，便能够知道其面积比值。举个例子，如果小杨树上叶长15 cm，大杨树上叶长4 cm，于是其直线大小之比为15:4，其面积之比为225:16。求整后分析，小杨树叶子的面积大概是大杨树叶子的面积的15倍。

【题目】有一棵在阴面长成的蒲公英叶长31 cm，而一棵在阳面成长起来的叶长仅有3.3 cm。求阴面蒲公英叶面面积是阳面蒲公英叶面面积的多少倍？

【题解】我们还是按照刚才介绍的方法计算。阴面和阳面叶面面积的比例是：

$$\frac{31^2}{3.3^2} = \frac{961}{10.89} \approx 88$$

这意味着，阴面的叶面面积为阳面叶面面积的88倍。

在树林里能看到众多形态各异大小不同的树叶，这些都是研究近似图形面积比的素材。也许有些人一时半会儿还难以理解，两棵树上的叶子的长和宽较为接近，却在面积上有那么大的差异，比如有两片形似的树叶，一棵树上叶子的直线长度为另一棵树上叶子的直线长度的120%（1.2:1），但是这两棵树上的叶子的面积的比值却为：

$$1.2^2 \approx 1.4，即1.4:1$$

若这棵树上的树叶直线长度为另一棵树上树叶直线长度的40%，这样一来，它的树叶面积就是另一棵的近2倍：

$$1.4^2 \approx 2$$

【题目】计算一下图22和图23中的树叶面积。

图 22　树叶形状与面积间的关系　　　图 23　树叶面积的比值

14. 蚂蚁力士

如图24左，蚂蚁常常能用嘴叼着大自己很多倍的重物，毫不减速地爬上植物的茎秆。看到这一幕的人不禁会想：它为何有那么大的力气，竟能挪动比它重10倍的物体？我们都清楚，人做不到扛着钢琴上梯子（见图24右），但是，蚂蚁挪动的物体和自己体重的关系常常如此，所以，蚂蚁的力气比人类大。

这是真的吗？

不借助几何学大家很难理解这一点，于是我们来看看专家们如何描述肌肉力量，以及如何解释蚂蚁和人的力量对比。

动物的肌肉酷似日常生活中的松紧带，只不过其伸缩并非依靠弹性而已。肌肉受神经刺激后恢复至常态，因此，进行生物学实验时，为神经或肌肉通电都能达到让肌肉伸缩的结果。

图 24　大力士和蚂蚁

现在，从刚刚死亡的青蛙身上取下一部分肌肉来进行实验。因为青蛙是冷血动物，其肌肉就算脱离身体，很长一段时间内也能保持生命体征。实验方法并不难，第一步，将青蛙腿肚肌以及连接着的大腿骨和末端切下来，将大腿骨吊到实验架上，用挂有砝码的小钩子穿过肌肉。现在若用连于电池上的两根电线接触肌肉，肌肉立马就会缩短，砝码就会抬高，于是可根据这一点以及砝码质量的增减来测量肌肉的最大提升力。第二步，将肌肉顺着纹理拼接两条、三条或是四条同样的肌肉，并通电，发现提升力并没有增大，砝码上升的高度近似于肌肉伸缩的倍数。第三步，得出结论：肌肉的提升力跟长度和总量无关，只跟肌肉的粗细（横截面积）有关。

现在继续分析问题，对比不同大小但是形态相似、肌体类型相同的两只动物。若某只动物的大小是另一只的2倍，那么其总质量和总体积以及器官质量和器官体积均是另一只的8倍，然而其肌肉横截面积却仅为另一只的4倍。于是，某只动物的体积为另一只的2倍，体重为8倍，但是肌肉力量仅是另一只的3倍，于是其体力仅为另一只的 $\frac{1}{2}$。同理，如果某动物的大小为其他动物的3倍（截面积8倍，质量26倍），其体力就仅为其他动物的 $\frac{1}{3}$。如果其大小为其他动物的4倍，其体力将仅为其他动物的 $\frac{1}{4}$，等等。

蚂蚁、黄蜂这样的动物可以搬得动自己重量30倍、40倍的物体，而我们在一般情况下，仅能拿得动自身重量 $\frac{9}{10}$ 的物体。另外，作为运输工具之一的马，只能搬动自身重量 $\frac{7}{10}$ 的物体（详情参阅《趣味力学》第10章"生物世界中的力学"）。综合这些现象能够看出，动物体积与质量同肌肉的力量之间并不存在比例关系。

学过此节的内容之后，我们就会更加佩服蚂蚁了。不过，有人却在一则寓言里这么写道：

小小蚂蚁，力大无比。

古往今来，罕见之极。

忠实的史学家如此说，

它竟能举起两颗麦粒！

——克雷洛夫

第二章

河流边的几何学

1. 测量河宽

在不渡江渡河的前提下测出江河的宽度，这对熟练掌握几何学知识的人而言实是易如反掌。我们可以用测量无法靠近的物体高度的方法来测量不可逾越的间距。上面说的这两种方法均是借助其他距离去求目标间距的方法。

解决这些问题的方法众多，下面是其中几种。

方法一：借助前面介绍过的"大头针仪"（图25）。如图26所示，如果要测河宽AB并且无法过河，可以站在C点附近，令"大头针仪"高度等于眼高，用一只眼睛沿ab方向看，直到B和A被a和b挡住为止。此时测量者的位置刚好在AB的延长线上。之后保持仪器静止，沿b和c的方向看，找到一个被b和c挡住的D点，此时CD⊥AC。

图25　用大头针测河宽

在C点做上标记，带着仪器沿CD前行，直到出现位置E，令E点时ac点能够挡住A点（如图27），cb点挡住C点。那么此时∠C=90°，∠E=∠A=45°，AC=CE。

于是，如果能够测量出CE的长度，自然就会得到AC的长度并进一步得出河宽AB。

只不过，一直稳稳地拿着大头针仪很显然不合实际，于是我们可把大头针仪的木板固定在木杆上，每到一个地方可以将其插入地里。

方法二：此方法和方法一很相近。

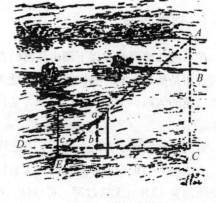

图26　第一个测量点　　　　　　图27　第二测量位

　　延长 AB，在延长线上取一点 C，依靠大头针仪确定直线 CD 并令 $CD \perp CA$。之后如图28所示，在 CD 上取两点 E、F 并标记，令 $CE=EF$。之后持大头针仪在 F 点观察，直至找到一点 G 令 $FC \perp FG$。于是沿 FG 行走，直到 E 处的木橛挡住 A 点，将这点记作 H，此时 H、E、A 三点位于同一条直线上。

图28　利用全等三角形的特性测量

　　于是根据三角形全等可知 $FH=AC$，那么自然能够得知河宽 AB。方法二的测量场地比方法一要大很多，如果条件允许，可以两种方法都用一次以便进行验证。

方法三：方法三为方法二的变化版本。

如图29所示，在 CF 上截取两个不等线段并令两个线段长度有某种固定倍数关系，如图中测量发现 $EC=4FE$。之后步骤同方法二，找到方向 FG，令 $FG \perp FC$，之后沿 FG 行走，当 E 点的木橛挡住 A 点时，标记位置并记作 H。由于 $\triangle ACE \backsim \triangle EFH$，可知 $FH = \dfrac{AC}{4}$。那么有：

图 29　利用相似三角形的性质测河宽

$$\frac{AC}{FC} = \frac{CE}{EF} = \frac{4}{1}$$

根据此式可知，测得 FH 之后便可求得 AC，之后求得 AB。

可以看出，方法三比方法二需要的场地小很多，用起来更方便些。

方法四：此方法依据的是直角三角形的一个特征：若某一锐角为 $30°$，则其对应的直角边为斜边的一半。下边是一些求证：

$\triangle ABC$ 中，若 $\angle B=30°$，那么让 $\triangle ABC$ 以 BC 为对称轴旋转，直至和原 $\triangle ABC$ 对称（见图30右）。此时出现 $\triangle ABD$。由于 $\angle A=\angle D=60°$，于是 $\angle ABD=60°$，于是 $AD=BD$。由于 $AC = \dfrac{AD}{2}$，可知 $AC = \dfrac{AB}{2}$。

如果要借助此特点完成测量工作，需将大头针分别置于直角三角形的三个顶点并令某个角为 $30°$，然后持大头针仪位于 C 点（见图31），令大

头针仪的斜边 ac 与 AC 位于同一条直线。沿 cb 找到 CD 方向并标记点 E，令

$EA \perp CD$（借助大头针仪不难做到）。显然此时 $\angle A = 30°$，$CE = \dfrac{AC}{2}$，于是

河宽 $AB = 2CE - BC$。

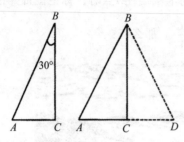
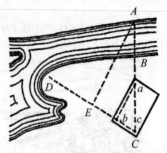

图 30　什么时候直角边等于斜边　　　　图 31　利用带有 30° 角的直角三
　　　　的二分之一　　　　　　　　　　　　角形测量示意图

上面介绍的这四种方法最常见，借助这些方法不渡河就能测得河的宽度并能保持很高的精确度。还有些方法要借助更为复杂的测量工具（即使是自制的），我就不向大家推荐了。

2. 帽檐测河宽

库普里扬诺夫上士在前方作战[1]时就使用过该方法，当时他带领的班奉命测量即将要强渡的河的河宽。

库普里扬诺夫率领全班战士偷偷摸到灌木丛，就地隐藏。他和卡尔波夫在周围灌木的掩护下匍匐到河岸，可以很清楚地看到敌军占据着的对岸。在当时的环境下，河的宽度只能靠目测。

"哎，卡尔波夫，有多远？"库普里扬诺夫小声询问。

"在我看来，应该在 100 m ~ 110 m。"卡尔波夫答道。

虽然库普里扬诺夫也认同自己属下的侦查结果，不过为了战争的胜利，他还是决定验证一下，他打算利用"帽檐"再次测量河宽。

具体的操作步骤如下：面对河水站在岸边，将帽檐压低至双目上侧，放眼看过去，帽檐的底部要与河那边的河岸线重叠（见图32），没有帽子

[1]　读者可参阅《河流勘探》一文，刊于《战争知识》1949（8）。

的话将手掌或笔记本贴近额头同样可以。之后保持头部相对躯干位置不动，测量的人可左可右，当然也可后转（面向平整、易于测间距的那些地方的方向），去寻找帽檐下面（手掌或记事本）那条线经过的点。

图32 帽檐测量法

测量者到那个点的间距为这条河的宽度。

库普里扬诺夫使用的正是这一方法，他快速起身，用记事本顶住额头，迅速回转寻找到了遥远处的那个点。而后，他与卡尔波夫匍匐至此点而且拿绳子作为量尺记下了它的长度。量出的值为105 m。

【题目】请从几何学角度解释"帽檐测量法"。

如图32所示，由帽檐底（或用手掌或者记事本）看过去，刚开始看到的是河岸线。在人转动身体后，目力所及之处如同用圆规作了一个圆，那么该圆的半径正好是AC和AB，于是AC=AB（见图33）。

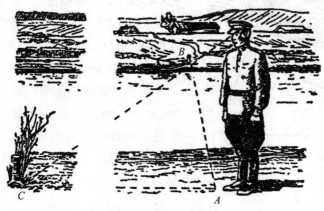

图33 帽檐测量法图二

3. 岛屿到底有多长

【题目】如果你在河岸或湖边漫步，发现了无名小岛。你想不上岛就能测出岛的长。你的愿望能实现吗？

图34 测量岛屿之长

【题解】尽管在现实条件下我们无法登陆小岛更无法接近它的两端，不过，小岛的长我们还是有办法测到的，并且无须复杂的测量工具。如图35，在岸边选任意点 P、Q 并标记，之后在 PQ 上确定两个点 M、N，令 $AM \perp PQ$，$BN \perp PQ$（可以借助大头针仪）。找到 MN 的中点记为 O 并标记，延长 AM 至点 C，之后站在 C 点观测，令 O 点的木橛挡住 B 点。延长 BN 至点 D，站在 D 点观测，令 O 点的木橛挡住 A 点。此时，CD 的长度即等于小岛的长度。

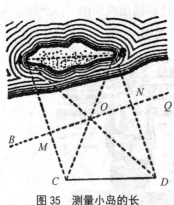

图35 测量小岛的长

这一点很容易证明。$Rt\triangle AMO$ 与 $Rt\triangle ONP$ 中 $MO=NO$ 且 $\angle AOM=\angle OND$，于是 $\triangle AMO \cong \triangle OND$，$AO=OD$。同理，$BO=OC$，$\triangle ABO \cong \triangle COD$，于是 $AB=CA$。

4. 行人间的距离

【题目】 如果你在河边漫步时发现河的那边也有人在行走并能看得见他的一举一动，那么能不能不借助任何测量工具而估测出你和他的距离呢?

【题解】 其实你无须用到任何测量工具，你的手和眼睛就能帮你完成测量工作。用你的胳膊指向河那边行人的方向，假如那人走向你右手所指的方向，就用右眼朝你竖起的大拇指指尖看，而若是那人走向你左手的方向，就用左眼朝你竖起的大拇指指尖看，见图36。当行人被大拇指挡住时立即换一只眼睛观察，此时行人会稍稍"退后"。于是记下他从此时起到再次被大拇指挡住时走过的步数便可。

如图36所示，设两只眼睛分别位于a、b两点，你竖起的大拇指的指尖为M，第一次观察到的行人位于A，第二次观察到的行人位于B。由于$\triangle abM \backsim \triangle ABM$（尽可能使$ab /\!/ AB$），则$bM{:}BM=ab{:}AB$。式中$bM$为我们伸出的胳膊长度，$ab$为瞳孔间距，$AB$可由河对岸行人走出的步数求得（平均一步等于$\frac{3}{4}$ m），于是式中只有BM未知，能够求得BM：

$$BM = AB \times \frac{bM}{ab}$$

图 36　怎样测量与河对岸行人间的距离

设两只眼睛相距6 cm，胳膊到眼睛距离60 cm，假定该行人共走了14

步，于是，你们的间距为：

$$MB = 14 \times \frac{60}{6} = 140步 = 105\ \text{m}$$

你在平时可预先测量自己双眼间距 ab 以及你伸出胳膊时竖起的拇指指尖到你瞳孔的间距 bM，之后只要熟记它们的比值 $bM:ab$，就能很方便地确定不能靠近的物体的高度了。这样一来，用 AB 乘以这个比值就能得到你需要的结果，即 $bM:ab \times AB$。一般而言，很多人的 $bM:ab \approx 10$，难就难在如何测量 AB 的间距。我们上面是通过记录河对岸行人行走的步数，不过还有其他办法，比如测量你同一列客车的间距时可借助与货车车皮对比长度的办法估算出 AB（两个缓冲器相距7.6 m）。若是要测量你同一座房子的间距，你就可用和窗户或砖的长度进行对比的办法估算 AB 的值。

当然，如果知道物体和测量者的间距，也能用相同的方法确定物体的直线尺寸。下一节中同样是关于这一点的说明以及"测远仪"的介绍。

5. 简易测远仪

在第一章中，我们一起探讨了用来测不能靠近的物体的高度的一种测量工具"测高仪"。下面，我们来一起探讨一下另一种测量工具"测远仪"。一个最简单的测远仪是用火柴棍制作的，在火柴棍的一个平面标注上毫米刻度，为观测时易于观察，一般将刻度用黑白两色标注，如图37所示。

图 37　简易测远仪

它的使用条件是测量的物体高度已知（见图38）。当然，很多结构较为复杂的测远仪使用条件也是如此。如果发现远方有个人，你想知道你和他之间的距离是多少，就可以使用火柴棍测远仪来测量了。用手捏着火柴棍，伸出胳膊，只用一只眼睛观察，让火柴棍可活动的上端同远方行人的上身重叠。之后，让大拇指的指甲在火柴棍不停运动，直到遮住远方行人脚部的一点。这个时候，记下火柴棍测远仪上指甲正对着的刻度即可。

求证这个式子

未知间距∶火柴棍和瞳孔间距=人的身高∶火柴棍度数

图 38　火柴棍测远仪的使用图

的正确性也并不难，用上面的比例式很容易求出要算的间距。假设瞳孔和火柴棍的间距为60 cm，人的平均身高为1.7 m，而火柴棍上显示的刻度为12 mm，于是要求的距离就为：

$$60 \times (1\ 700 \div 12) \approx 8\ 500\ \text{cm}即85\ \text{m}$$

你不妨测一下好伙伴的身高，接着让他行走一定的路程，然后用测远仪量量他行走的距离，以便更加熟练地运用这个测远仪。

同理，你也可用测远仪量出你和一个骑马人（一般情况下平均高度为2.2 m）、骑车人（车轮的直径为75 cm）、铁路电杆（高8 m，绝缘体之间的垂直间距是90 cm）、火车、砖房等类似物体的间距，想较为准确地估算它们的直线尺寸也很容易。这些物体，我们在旅行时遇到的比较多。

擅长手工活的人，不用费多大工夫就可制作出既简单又完善的测远仪，用于依据远处人的身高测出间距。

该测远仪的结构及原理从图39及图40中就可以看出。应将要测的物体放在抽推式测远仪能灵活移动区间的A处，间隔大小依靠位于小板上的C、D处刻度确定。假设要测的物体是人的身高（测量仪与瞳孔的间距等于用该仪器测量时伸出的胳膊长），为了回避一些运算，可将同刻度相对的间距标注于C板刻度的对面。

图 39　抽推式测远仪的用法

如果要测的物体高度为骑马人，（平均高度2.2 m）就要在位于右侧的D板上标注预先求出的间距。如果要测量的是电杆（高约8 m）和机翼伸开长15 m的飞机或者更大的物体的间距，可在C与D上面的空白部位标注数据，如图40所示。

不过，这样推算出的间距一般精确度都不高，只能算是估算，而不能称之为测量。我们在上文分析例子时，远离行人85 m时，用火柴棍测远仪测量时如果出现1 mm的误差，实际间距的误差就是7 m（$85 \times \frac{1}{12}$）了。然而假如观察者相距那人的间距是上面间距的3倍，我们在火柴棍上读到的数据也仅是3 mm而绝非12 mm。此时就算误差仅有$\frac{1}{2}$ mm，实际的误差也能达到57 m。因此，在间距比较小的情况（100 m～200 m）下测出的结果的精确度较高，如果要测量的间距比较大，就需要选择大型的物体。

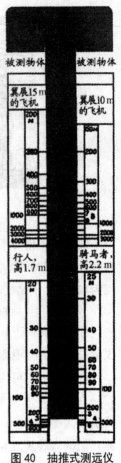

图40　抽推式测远仪

6. 河流能量

你可曾到过那遥远的地方，
那里是一派繁荣富庶的景象，
河水荡着碧波，
微风从草原吹过，
樱桃园中掩映着座座农舍。

——阿·托尔斯泰

所谓的小河一般指长度不足100 km的河流。在苏联，这样的小河竟然多达4.3万条！如果把它们连在一起，其长度会有1 300 000 km，相当于围着赤道转30圈（赤道约长40 000 km）。

虽然小河的水流得很慢，但是权威人士发现，如果将小河流贮存的能量集聚到一起，将是惊人的34 000 000 kW。如此大的能量，足以让河流两边的村庄电气化了。

> 即使放肆的河水仍在奔流，
>
> 但是我们的蓝图已经画就，
>
> 山脊般的拦河大坝将从深深的河底筑起，
>
> 大河横流之路不再有。
>
> ——斯·希帕乔夫

大家知道，要想电气化就得建造水力发电站，筹建者需要获得和河流有关的所有数据：河宽与水速、河床最有效的横截面的面积及河岸的承压能力。不过，这些都能通过一些简单的器械加以实际测量，甚至还可利用上节的知识加以计算。

我们下面就来具体看看。在这之前须得听取亚罗升与费奥多罗夫这两位行家的意见，这些意见关系到后面拦河坝在河流上的选址。

这两位工程师提议，村子周边只适合修建小型水电站，功率通常在 15 kW ~ 20 kW。

"大坝适宜修在距源头 10 km ~ 15 km 之外的地方，最远不超过 20 km ~ 40 km。"这是他们对水电站大坝选址的忠告。理由是，如果远离源头且水量过大，会导致建造大坝的成本上升，但是若将大坝修筑于不足 10 km ~ 15 km 处，会因水量过小或水力不足而导致发电量不足。"另外大坝要建在河床不太深的河段，否则只能将坝底造得足够大，这样会增加水坝的建造预算。"

7. 水速

> 小河好似一条晶莹的带子，
>
> 流淌在村落与山林之间。
>
> ——阿·费特

一般来说，一条小河一昼夜的流量是多少呢？

假设我们测出河水的流动速度的话，就很容易求出，只是，测定河水流速的工作需要由两个人来共同完成：一人手握计时器，一人手举浮标。

将一面小旗帜绑在灌有一半水的密闭瓶子上，找一个河流直一些的地方，在河岸上找到相距 10 m 的 A、B 两点并用木橛标记，如图41所示。之后找到C、D两点并用木橛标记，令四边形ABCD为矩形。之后拿表的人站在D点，手握浮标的人从A点向上游走一段距离，将瓶子扔进河中后迅速回到C点。二人依次沿着CA与DB方向观察水面的变化。这个时候，如果浮标途经CA并流至其延长线上时，身居点C后方的那个人挥手，握表的人在这时要迅速记录，并在浮标穿过DB向的那个时间点第二次记录。

图41　测量河水流速

如果浮标过两点的时差是20 s的话。

这意味着，这条河的河水的流动速度是：

$$\frac{10}{20} = 0.5 \text{ m/s}$$

测量需要在不同的河段反复进行10次（或者10个浮标同时投放于不同的河段）后取平均值。

不过较深的地方河水流速慢，整个河水的流动速度大概为其表面流速的$\frac{4}{5}$，在我们这个题目中，这个河流的流速为0.4 m/s。

除此之外，还有一种精确性稍差的测量河水流速的方法：

在岸上做好标记，之后开船逆行1 km，顺流回返，保持划船的力道不变。

现在假设逆行用去了18 min，顺流用了6 min，那么设水流速度X，船只在静水中速度Y，则有：

$$\begin{cases} \dfrac{1\,000}{Y-X}=18 \\ \dfrac{1\,000}{Y+X}=6 \end{cases}$$

变形后为：

$$\begin{cases} Y-X=\dfrac{1\,000}{18} \\ Y+X=\dfrac{1\,000}{6} \end{cases}$$

经过计算我们得出：$X=55$ m/min，即 $\dfrac{5}{6}$ m/s。

8. 如何测河水流量

上一节我们讲了如何测量河水的流速，似乎比较简单，不过，为了测定河水流量，测量水的截面面积（也即"有效截面积"）则是必要的，这个就不是十分容易了，方法一般有两种：

【方法一】

测河宽时，在河的两岸各自固定一个木橛。然后，一个助手在河的另一侧观察，防止小船偏离航向，然后你和另一个助手一同乘船从一个木橛划到另一个木橛。这需要很高的驾驶技术，在湍急的水流中更是如此。一旦船行偏了，让在河边观察的助手提醒划船的同伴，让其纠正方向。首次渡河时，仅需记住摇了几下桨即可，这样不难得知小船在摇了多少下桨之后才朝前行驶了5 m或10 m。之后带上标有刻度的长杆重新渡河，按照摇桨次数分出距离，每隔5 m～10 m就用长杆探入河底，标记各处的水位。

该方法适宜用在水速不太大的河流区域，想要测量那些河面较宽、水速较大的河流流量就需要借助一些复杂的方法，并且只能由专业人士完成。对业余人士而言，那些仅需简单器材就能测量的河流才是最好的选择。

【方法二】

如果河不是很宽，水不是很深，则可以用以下方法：

在两根木橛间拉根绳子，垂直于河岸。之后每隔1 m就在绳子上打结或做标记，之后从打结的地方用长杆探水的深度，测量出具体的值。在完成所有的测量工作后，在方格纸上作同图42的截面草图。因为图形已被划分成了一些底边和高已知的梯形以及等边三角形，于是测量图形面积并不难。假设草图的比例为1:100，那么就能很快知道具体面积的数值。

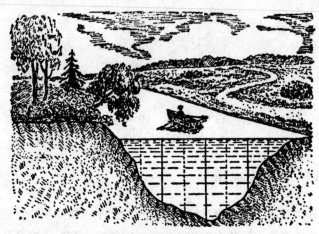

图42 河床截面图

此时，求解河流水量的所有数值都已齐全。很明显，三菱形的体积与河流每秒经过的流水体积相等，横截面是其底边，水流的每秒平均流速为其高度。比如，假设河的平均速度为0.4 m/s，其有效截面积就为3.5 m³，此时其流量是：

$$3.5 \times 0.4 = 1.4 \ m^3/s$$

于是1 h内流过的水为：

$$1.4 \times 3\ 600 = 5\ 040 \ m^3$$

那样的话，一天一夜流出的水就该是：

$$5\ 040 \times 24 = 120\ 960 \ m^3$$

24 h就流了120 000 m³的水。实际上，它的有效横截面积仅为3.5 m²，它的深度仅有1 m，由此看来其仅为一条小河流，无须借助任何工具就能徒步蹚水过去。但是它蕴含的能量却能转换成万能的电力。就拿涅瓦河来说，其流速约为3 300 m³/s，一天一夜的总水量十分可观。第聂伯河的水量是700 m³，同样很可观。

河两岸所能承受水头的大小也是必须测量的数据之一（见图43），也就是说拦河坝的落差能有多大。要想知道这些，就要在河岸同水相距

5 m～10 m的地方分别固定一根木橛，令木橛连线垂直于水流。之后如图44所示，顺着该线前行，在岸边坡度起伏大的位置再固定一些比较小的木橛，用标有刻度的测杆量出两个相邻木橛的高低差及间距。

图43 小水电站

图44 测河两岸的有效截面

依靠测量结果，如同作河床横截面图形那样做出河两岸间的横截面图，之后就能知道能承受的水头有多大了。如果拦河大坝可让水位上升2.5 m，就不难估测到水电站的功率。

水电工程师提示：用河水流量1.4乘以水面上升高度2.5，之后再乘以功率系数便能得知发电功率：

$$1.4 \times 2.5 \times 6 = 21 \text{ kW}$$

每年，河流的水位及耗用量都在不断变化，解答这样的题目时首先就得搞明白每年大部分时间内具有代表性的水耗量。

9. 涡轮

【题目】如图45所示，把一装有桨叶的涡轮安装到靠近河底的位置，并让它正常地运转。假设河水从左边流向右边，那么涡轮将会朝哪个方向旋转？

图 45　水中涡轮

【题解】在这种情况下，涡轮会逆时针转动。因为河底的水比河面的水流速慢，涡轮上部的桨叶所受的压力大于下部，于是桨叶在巨大的压力下只能逆向旋转了。

10. 虹膜

在工厂长期排放污水的河中，我们常常会看到五光十色的油彩闪着亮光。与污水同时流入河里的那些油（比如机油）密度比水小，可以漂浮在水上形成薄薄的一层膜随水漂流。那么，可不可以测到或者估算出膜的厚度呢？

这个题目好像很费神，但其实求解起来不算很难。我们不可能直接去测油膜的厚度，只能通过运算间接地获得其数据。找20 g机油，撒到远离河岸的水面上，在油朝四面扩散构成一个轮廓清晰的大圆后，粗略测一下圆斑的直径便可轻而易举地估算其面积。因为这些油体积已知、质量已知，于是，求得油膜的厚度就易如反掌了。

【题目】找1 g煤油撒到水里，在其向四周散去的时候形成了直径为

30 cm的圆斑。现已知煤油密度为0.8 g/ cm³，那么这一油膜的厚度为多少？

【题解】首先我们要算出煤油薄膜的体积。根据已知条件，1 g煤油的体积为1.25 cm³，即1 250 mm³。直径为30 cm的圆面积为70 000 mm³，于是设油膜厚度为X，则：

$$X = \frac{1\,250}{70\,000} = 0.018 \text{ mm}$$

普通的测量工具也只能将计算精确到1 mm的$\frac{1}{50}$，所以这个厚度用普通的测量工具是根本无法精确测量到的。

某些其他油类和肥皂沫的膜甚至能扩散得更厉害，使其厚度小于0.018 mm，达到0.000 1 mm或者更小。英国物理学家波易斯在他的《肥皂泡》一书中写道：

有一次，我在水池里做了这样一个实验：我将一小勺橄榄油倒在水面上，一下子就形成了一个直径有20 cm～30 cm的大圆斑。因为圆斑长和宽均为勺中油的1 000倍，所以，水面上油膜厚度应是小勺中油液厚度的$\frac{1}{1\,000\,000}$，大约为0.000 002 mm。

11. 水圈

往水里扔石头之类的东西后，水面上会荡起无数的圆圈（见图46），我们对这样的场景并不陌生。不过，大家应该都因为这现象背后的深层原因犯过难：静水中扔到水里的石头溅起的水花以相同的水速朝四面扩散，因此，那些水圈上的点时刻都和泛起水花的起点的距离相等，位于同一个圆上，但是在流动的水中结果会怎样？朝水流较急的河里扔进石头，激起的波纹也是圆形的吗？

略加思索，你也许会认为呈圆状的水浪会随着水的流向延伸下去：水花顺流而下的速度要比逆流的速度大得多。由此，水面泛起水花的地方，好像都位于扩大了的封闭曲线之上，不管怎样，都不可能出现在同一个圆上。不过，事实却并非我们想象中的那样：石头在湍急的水里形成的波纹仍然为圆形。

【题目】这是为什么呢？

图46　抛物于水形成的波纹

　　【题解】下面我们一起来探讨这个问题。如果水没有流动，投石后溅起的波纹呈圆圈状，那么流动的水流将会引起怎样的改变呢？答案是，水流会让圆圈上的点按箭头的方向运动（见图47左），即都会以相同的速度顺着相互平行的走向平移，它们运动的距离相等。漂移的结果是，点1（见图47右）位移至点1′，点2位移至点2′，等等，原来位于四边形上的1234点在漂移后被新出现的四边形上的另外四点1′2′3′4′取代了。从已存在的四边形上的点122′1′、233′2′、344′3′就能发现，图中的两个四边形是全等的。如果我们从圆上多取些点而不仅限于这四个点的话，这么一来，我们获取的就是全等的多边形；那么，在圆周上取全部点的话，平移所有点之后得到的就是全等的圆周。

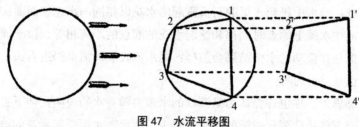

图47　水流平移图

　　这就是水流无法使圆圈状态发生改变的原因，也就是圆圈在动态的水面依然保持原状的原因。区别是，波纹在湖面不会发生漂移现象（倘若不将波纹离开投石的那点而向四面散去算在内）；但在河水中圆圈会同自己的中心与水流以相同的速度漂移。

12. 爆炸的榴霰弹

【题目】看上去，我们将要讨论的问题与本章的主题不相干，不过并非如此，还请继续看下去。

现在假设一枚榴霰弹越过高空，在重力的作用下逐渐下坠最终爆炸，弹片四溅。若所有的弹片遭遇的爆炸力一样，而且在飞落时遇到的空气阻力都为0，那么，一秒钟后若弹片还没有掉到地上，它们会以何种形态分布呢？

【题解】这个题目和在水边投石飞溅起水花的题目有些相似。也许你会以为，这些弹片在落地的那一瞬间会形成一个向下拉伸的样子。我们知道抛射向上方的弹片相对于抛射至下方的弹片的飞行速度要慢，不过，经过一些考虑，我们发现弹片仍然会呈现一个球形。

如果将它们遇到的重力设定为0，这样一来，抛射出的弹片行进的路程一致，那么，它们仍然呈一个球形就不难理解了。下面我们考虑有重力作用的情形。在重力作用下，弹片都应该朝下掉，如果我们设定所有的弹片以相等的速度往下坠（假定空气阻力为0），那么，弹片在每秒钟的飞行的里程应该是相同的，于是在重力方向上的位移相同。除此之外，它们平行的运动轨迹并不足以让分布图的形态发生改变，那么它们的分布呈球形是毋庸置疑的。

因此，爆炸了的这枚榴霰弹的弹片在飞溅的过程中将在空间形成球状，并不断蔓延，最终以自由落体一样的速度坠于地面。

13. 船头的波浪如何生成

住在海边的人经常会见到前进中的轮船船头激起的水浪（见图48），它是如何形成的呢？为何船的速度越快浪峰越高，两道波峰的锐角越大呢？

回忆我们前面讲过的往水里扔石头的例子。如果我们隔一小段时间就向水中扔一块石头，水面上就会出现大小不一的圆圈，先扔的石头激起的圆圈大，后扔的小。如果顺着一条直线扔石头，就会出现和船头两侧相似的情况，扔石头的频率越高，它的波峰就越近似船头的波峰。如果将一根

图 48　船舶行进时船头产生的波浪

小棍插入水中划动，就相当于连续不断地向水中扔石头，我们就能看到类似船行进时的现象了。

由于轮船一直处于行进状态，因此船行进所造成的波浪会一个接一个地向四周扩散，导致相近的浪峰相互碰撞并增强，在每个波纹的公切线内产生两束连续的波峰。

在水面急速前行的物体后边都会有如同轮船船尾的波峰（水脊）。

当然，移动速度慢的物体后方是不会出现这种现象的，移动速度慢的话，圆形波纹只会一个套一个，并不会形成公切线。于是此情形只会出现在物体速度比波浪速度大的情况下。

这种情况同样会出现在水流移动而物体静止的时候。当急速水流经过静止物体，同样会形成类似的波峰并且更加清晰，因为船只在行驶的过程中螺旋桨多少会破坏一些波纹，静止的物体则不会。

【题目】前行中的船舶在船头激起的水波间的角的度数是多少？

【题解】观察图49右，由圆波的中心点向直线波的对应段作半径（经公切线的切点作直线）。O_1B 为船头某段时间的行程，O_1A_1 则是相同时段波纹的流程，$\dfrac{O_1A_1}{O_1B}$ 的值为 $\angle O_1BA_1$ 的正弦，而且它还是浪峰之速与船舶行速的比。由此我们发现船头波纹间的 $\angle B$ 是 $\angle O_1BA_1$ 的两倍，其正弦是船头波峰前进的水速和行船速度的比。

其实各种船在水中形成的浪峰扩散速度基本相同，这样一来，两条波浪间角的大小就由船的行进速度所决定，反过来，我们也可据波浪间的角判断船的前进速度与波浪扩展之速的关系。例如，船首水浪间的角是30°（一般的客货轮都是这个度数），其半角正弦（sin15°）为0.26，即船行进的速度比船头波浪的扩散水速高 $\dfrac{1}{0.26}$（水波流速的三倍刚好约是轮船行速）。

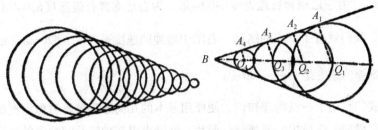

图 49　轮船波峰形成的几何图形

14. 炮弹的速度

【题目】从空中快速越过的子弹或炮弹同样会产生在上节探讨过的波浪，只不过这些波浪是气体。

有一种方法可以用来抓拍飞出去的炮弹。图50展示的就是两颗飞行速度各异的炮弹，我们从图中很清楚地看到了"弹头波"，其产生原理和船头波相同。在这里我们还要用到几何学中的比例关系，也就是：

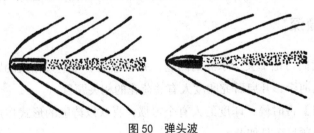

图 50　弹头波

$$弹头波差半角的正弦 = \frac{炮弹波的扩散速度}{炮弹的飞行速度}$$

但是，弹头波在空气中的扩展速度接近音速即接近330 m/s，如果你有子弹飞行的照片，就能分析出它的大概速度。那么现在以图50的两张图为样本，分析一下该怎么做。

【题解】第一步要测量到图50中两道波峰差的角度值。左边图中的

大概是80°，右边图中的约为55°，于是其半角分别为40°与（$27\frac{1}{2}$）°，由

此得到sin40°=0.64，sin（$27\frac{1}{2}$）°=0.46。不难看出，气浪的扩散速度是

330 m/s，为左边炮弹行进速度的0.64倍，为右边炮弹行进速度的0.46倍。

那么，我们就有了下面的结论：右图中炮弹的速度是$\frac{300}{0.64}$=520 m/s，右图

中的炮弹的速度是$\frac{300}{0.46}$=720 m/s。

我们只用了一点物理知识，便能用基本的几何原理解答看似深奥的难题，仅借助一张抓拍的炮弹运行照片，就能求得在拍照瞬间炮弹的速度。只不过我们忽略了一些因素，所以这个值只是个近似值罢了。

【练习】图51中图展示了3颗速度不同的炮弹，喜欢独立思考的读者可以算算它们的速度。

图51　三颗飞行的炮弹示意图

15. 塘深

上面我们讨论了关于水波的问题，并联想到了与炮兵相关的题目。现在我们重返河岸，开启研究印度人有关荷花的相关题目。

【题目】古时候，印度的人有个习惯，喜欢以诗歌的形式描述题目，下面的这个题目正是如此：

静悄悄的水面上，

一朵荷花探出了半英尺，

身影绰约，形影相吊。

微风将荷花偏离原地，

在两英尺外停了下来，

被位渔者捡到。

我不禁深深思考：

这个湖，

水深多少？

【题解】见图52，设要求的水深$CD=x$，于是根据勾股定理得：

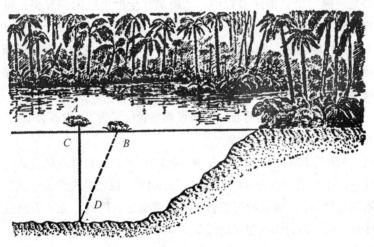

图 52 荷塘

$$BD^2 - x^2 = BC^2$$

代入x：

$$x^2 = (x+\frac{1}{2})^2 - 2^2$$

求得：

$$x^2 = x^2 + x + \frac{1}{4} - 4$$

$$x = 3\frac{3}{4}$$

于是水的深度为$3\frac{3}{4}$英尺（1英尺=30.5 cm）。

在有水的塘边或湖边我们都会发现生长于其中的植物，这些水生植物能为你解答题目提供数据上的帮助。不需要你借助工具，甚至都不用沾湿双手便可得知水的深度。

16. 水里的星空

夜里的河水同样能够出一道几何题让我们求解。

果戈理描写第聂伯河时曾说："群星在尘世上空闪闪发亮，可它们又悉数映在第聂伯河里。所有的星星被第聂伯河揽在自己那幽暗的怀抱之中，谁也不可能跑脱，除非在夜空中熄灭。"确实是这样，在你逗留于大河的河岸时，就会发现星空都能在河水中看到。现实也如此吗？群星难道都"被揽入"第聂伯河的怀中了？

我们来根据图53具体看看。如果设观察者位置为A，水面为MN，那么位于A点的人能看到哪些星星呢？

过点A作关于MN对称的点A'，AA'交MN于点D。假设观测者此时站在该点观察，那么他的视力范围就仅限于$\angle BA'C$，也就是说他看得到这个有限空间的星星。位于A点的观测者视力范围也是有限的，无法看到这个范围之外的星星，因为那些星星的反射光根本就进入不到他的视力范围。

那么怎么验证观测者无法从河水中看到位于$\angle BA'C$外部的S星呢？S星的光将在MP这一角度经水面反射后返回，$\angle MP$等于$\angle SMP$（反射角等于入射角），不过这个角度比$\angle PMA$小（用$\triangle ADM \cong A'DM$的关系就可求证），于是，反射光应由点A附近通过。假设S星位于比M点远些的位置，通过水面反射后更是难以被观测者看到。

这意味着果戈理的描述很夸张：第聂伯河里映射的星星并非全部，甚至不到所有星星的$\frac{1}{2}$。

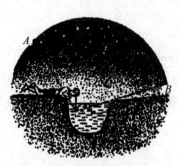

图53　星空在宽阔水域的影像

图54　投影于低矮、狭窄小河里的星空

颇有趣的是，从水面上看到的夜空即使再广袤，也无法说明你的眼前就一定是条大河。如果你俯瞰河岸很低并且狭长的小河，你会观测到大概$\frac{1}{2}$的星空，甚至比宽广的大河看到的还要多。当然，这需要你灵活调整自己的视角（见图54）。

17. 在河上修桥筑路

【题目】在河或者沟渠两岸分别有A、B两点，河两边平行，如图55所示。现在打算在该条河上铺桥，让桥同两岸的夹角为90°并且到A、B的距离最近，那么应将桥铺在何处呢？

【题解】如图56所示，过点A作一条直线与河水的流向形成90°，接着过A点作线段AC，令其等于河宽，然后连接C和B。要想A与B最近，那么就应当在点D铺桥。

图55　如何选桥址　　　　图56　选定桥址

图57即为该桥。连接A、E后，AEDB这条路就出现了，很明显，四边形AEDC为平行四边形，因此，AEDB的路程和ACB相等。如果大家心存疑虑，可以观察图58。如图有条AMNB，比AEDB近，即和ACB相比要近一些。连接CN，则有CN=AM，显然AMNB=ACNB。不过，CNB这条路要比CB远，即ACNB比ACB远，于是它也比AEDB远。那么，AMNB路线非但不比AEDB路线近，反而要比AEDB路线远。

我们推演得出的这一结论适用于所有选址不在ED的情形，可见AEDB路线是最好的选择。

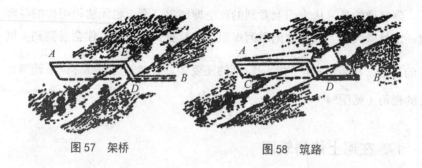

图 57　架桥　　　　　　　　　图 58　筑路

18. 建造大桥

【题目】有时候情况比我们想象的要复杂很多，比方说既要找出自A和B点修桥的最短路线，因之要跨越两条河，又要同岸边构成90°的角，如图59所示。这样一来，该于什么位置修建这两座桥呢？

图 59　选择最佳建桥点

【题解】如图59右，过点A作线段AC，令AC等于第一条河的宽度并垂直于第一条河的河水流向。接着过点B牵引出线段BD，令BD等于第二条河的宽度并垂直于第二条河的河水流向。之后连接CD，将桥EF造在点E，桥GH造在点G，于是点A与点B之间最短的线路就是AFEGHB。

至于正确性的检验，只要用上一节同样的思路来考虑，即可明白其中的道理。

第三章

郊外的几何学

1. 满月到底有多大

你能想象满月时月亮的大小吗？

每个人给出的答案各不相同：和"盘子"差不多大、和"苹果"差不多大、和人脸差不多大，等等。然而，这些回答都太过笼统，只能证明回答者并没有真正弄清楚这个问题。

一般情况下，人们经常喜欢用"觉得""看上去"诸如此类的词形容物体的直线尺寸。但是，唯有弄清上面这些词的内涵，方能对这个常见的问题做出正确的回答。鲜有人怀疑此处而言的大小只是从某个角度来说的，这个角度就是物体边沿众多点进入我们瞳孔的两条直线的夹角。该角在天文学上叫"视角"，或"物体的角度尺寸"（见图60）。在人们根据自己的直觉推测月亮的直线尺寸时，都是下意识地将其同盘子、苹果等物的直线尺寸联系在一起，如此回答其实并非没有价值，起码说明它被观测到的角度与盘子和苹果相同。但是这样的答案本来就不完全：我们在不同的角度能够看到盘子、苹果，起决定作用的是间距，间距小就说明视角大，间距大的话，就意味着视角小。为了将问题阐述得更清楚些，就需要指明眼睛到盘子和苹果的间距。

图60　视角

在不考虑间距的情况下把远距物体的直线尺寸同其他物体的直线尺寸互相比较，这甚至是一流的作家们惯用的基本创作技巧。它比较接近一般人的心理习惯，虽说能让人印象深刻，鲜明形象的树立却不容易。现在我们以一个作家作品里的一个片段作为例子，其中描述的是主人公从海边峭壁上观察到的景物：

把眼睛一直望到这么低的地方，真是惊心炫目。在半空盘旋的乌鸦，瞧上去还没有甲壳虫那么大；山腰中间悬着一个采金花草的人，这可是一个可怕的工作，我看他的全身简直抵不上一个人头大。在海滩上走路的渔夫像小鼠一般，那艘停泊在岸边的帆船小得像它的划艇，它的划艇小得像一个浮标，几乎看不出来。

如果给以上这些比喻中的参照物（甲虫、人头、老鼠、小艇），附上它们的间距，这些比喻就能清晰地表明空间概念了。在拿月亮的直线尺寸和盘子、苹果进行对比时，就应该说明这些物体和观测者瞳孔的间距。

实际的间距要比人们直觉上的间距大出不少。你伸出自己拿有苹果的手臂后，会发现岂止是月亮，一部分星空都让苹果给遮住了。你找根细绳吊起苹果，之后逐渐远离，直到苹果刚好挡住月亮。对你而言，这个方位时月亮和苹果的"大小"是相同的。测测你的瞳孔和苹果的间距，你才知道，你的眼睛同苹果相距10 m左右。你看，为了让苹果看起来同月亮一样大，就得让它距离你这么远！更不可思议的是盘子，如果想让盘子正好挡住月亮，需要将其放在30 m处，即50步外。

第一次接触这种观念的人会觉得不可思议，可它却是毋庸置疑的事实，因为我们看到月亮时的视角仅有0.5°。但是，在我们的实际生活里根本用不着去估计角度，因此，一般人几乎就没有小角度的概念比如1°、2°或者5°（需要经常测量角度的土地测量人员、绘图员和相关的专业人员不在此列）。我们习惯了估算大一些的角度，主要是擅长把那些较大的角度同我们钟表上的时针及分钟进行一些推断似的对比，比如我们对90°、60°、30°、120°、150°等角的大小概念就很清晰、明确。钟表上表示时间的角度也是一样的，我们甚至无须看具体的数字，仅凭时针和分钟的夹角的大小就可推测出具体的时间。但是，我们看微小物体时的视角都很小，因此，我们无法估算出看见它们时的视角（即便是近似值）。

2. 视角与距离

在此，我用现实生活中的例子来告诉大家1°角：大家算算，离我们多远时我们才能看见1°视角的中等身材（1.7 m左右）的人。用几何语言来说就是，我们要求出1°角对应的弧为1.7 m时的圆半径（科学地讲应该是弦而非弧，不过由于角度很小，弧长与弦长的区别并不大）。我们来这么解：假设1°对应的弧长为1.7 m，那么360°的圆周就为1.7×360=610 m，圆周半径为圆周长的 $\frac{1}{2\pi}$，倘若我们为π赋值π=$\frac{22}{7}$，那么，半径r=600×2π≈98 m。

如图61所示，身高1.7 m的人距我们约100 m时我们看他的视角才是1°，若是他离我们比这个距离远1倍即200 m，那么，我们看到他的视角就为0.5°；假设他离我们的距离有50 m远，我们看到的视角为2°，以此类推。以下将要进行的运算也容易，在离我们360×$\frac{7}{44}$≈57 m远时，1 m长的测量杆视角是1°；在离我们57 cm远时，1 cm长的木杆视角是1°；同样，在离我们57 km远时，高1 km的物体……总的来说，在视角为1°时，物体通常是在距自己直线长度57倍远的位置上被看到。假设你能熟记57这个值，那么，你对于与物体角度相关的运算便能做到轻车熟路，比如，你想知道苹果的视角何时为1°，只需用9×57即可，答案是约510 cm。若是苹果跟你的距离增加1倍，它的视角就将为0.5°而非1°，和月亮的视角相近。

除此之外，我们还能用这个办法求出和月亮视角相仿的其他物体相对于观察者的距离。

图61　距离和视角的关系

3. 盘子和月亮谁大

【题目】要让一个盘子看起来和天上的月亮一样大，应当将它放到距观察者多少米的地方？

【题解】应当放到离观察者0.25×57×2=28.5 m远的地方。

4. 月亮和硬币同大吗

【题目】我们现在用直径为25 mm的5戈比的硬币与直径为22 mm的3戈比硬币代替上一节中的盘子，并计算答案。

【题解】答案是：

$$0.025 \times 57 \times 2 = 2.9 \text{ m}$$
$$0.022 \times 57 \times 2 = 2.5 \text{ m}$$

如果我告诉大家，我们所看得见的月球没有几步远（我们这里假定为4步）之外的2戈比硬币大，甚至不如80 mm之外的铅笔大，大家会觉得非常不可思议，不过当我们手拿铅笔张开胳膊朝天空进行对比时会发现铅笔遮蔽了月亮。不管我们是否相信，但一颗豆粒抑或火柴棒的头才是最适合拿来与月球尺码做比较的，而不是盘子、苹果或者樱桃。用盘子和苹果与月球对比的前提是它们处于一个非常远的地点，而平时我们所看到的盘子或苹果的视角和月球的视角比往往为9∶1甚至10∶1。但是，距我们瞳孔25 cm的火柴头视角约0.5°，我们会在感觉上认为它与月球等大。

我们常常会产生很多错觉，比如认为某时刻的月球表面和以前的比值是9∶1至19∶1，这是由于其亮度给我们带来的影响，就连善于观察的画家也常被蒙蔽，不相信的朋友可以将他们画中的月亮和实际的比较一下，看是不是比天上的实物大。人们甚至会觉得烧红的灯丝比没亮的、冷的灯丝要粗，道理也和上面我们所讲的一样。

太阳和月球直径的比值为400∶1，而它与我们的间距和我们与月球的间距比值也为400∶1，于是我们站在地面上看太阳的视角也为0.5°，也就是说我们所讲的道理同样适用于太阳。

5. 具有轰动效应的相片

为了讲清楚视角的定义，我们将"郊外的几何学"暂时搁置，先来列举一些影视作品中的例子。

你还记得有这样镜头的影片吗？你应该不止一次从影视作品中看见过列车相撞或海底跑汽车这样不可思议的镜头。风暴中轮船下沉或沼泽中的一群鳄鱼将男孩围起来之类的镜头非常深入人心，只是谁都知道那并非真实的场景。然而，这些镜头是如何拍摄的呢？

以下的几张图为我们揭开了拍摄这些镜头的技巧。图62给我们展示了一幅玩具布景与一列玩具火车构造出的火车碰撞场面；图63中有人用根细绳牵着一辆模型汽车移动，这就是用电影胶片拍摄的汽车在海底奔跑的"实景"。是什么原因让我们观看演出时，出现视觉上的误区，认定它们是真实的呢？实际上，被神秘的面纱盖住的奥秘就在这些画中。就算我们不将它们同其他物体的大小进行类比，也能看出这些图是缩小了比例尺的。原因并不难理解，要在银幕上播映的这些火车和汽车都是近距离拍摄的，由此，观众在座位上看它们的视角，同我们看到的真的火车或列车的视角近似。

图 62　两列车相撞

我们再来说说另一电影中的画面，如图64所示，大大的特写镜头——一幅巨大的老人头像，背景中的鲁斯兰高坐在马背上却显得非常渺小。这幅画面出现在远离老人头的地方。引起错觉的秘密就缘于此。

图63 拍摄电影的实景

图64 影片《鲁斯兰与柳德米拉》中的一个画面

图65是发生视觉错误的又一个实例，原因都是相同的。出现在你眼前的是一幅风景照，它将我们带到了远古的大自然：形如巨型的苔藓般的奇怪树木，它上面的水珠也犹如碗一样大，而在画面的最前方爬着巨兽般的动物，外形酷似不会伤人的潮虫。不管图上的景象如何得不同凡响，照片确实拍摄于现实生活中——从树林里选了一块不是很大的地拍摄的，产生错觉的原因是拍摄时选取的视角。镜头里的苔藓、水珠、潮虫都是在大视角下方能见到的，正因为如此，它才

图65 实物被放大后的照片

让我们觉得太过怪诞，同时让我们也觉得陌生。要想让图中的景物恢复原状，就把它的尺寸缩小到蚂蚁般大。

　　报业的一些虚假新闻的制造者通常也采用这种方法。有一回，一份报纸登了一则简讯，批评市政府纵容在街上任意堆放高大的雪山。而且还在旁边配了一幅能在人们脑海打上深刻烙印的插图（图66左）。后来经过调查，他们居然用一幅由"恶作剧摄影师"拍摄的照片作为照片的实景。那副插图是近距离大视角下照的（图66右）。

图66　采取大视角拍的雪堆（左）与实景雪堆（右）

　　后来那家报社又载发了一幅报道市区近郊山洞的山岩裂缝的图片。报道说，该裂缝是进入开阔地洞的门，有一些不明真相的游客误入了岩洞，报道还说那些进去探险的人一去就不复返了，而且音讯全无。志愿者集结打算去搜救，可后来他们发现，那张插图拍摄的是一堵结冰的墙的细微缝隙，缝隙仅宽1 cm。

6. 手指测角仪

　　其实自己加工一个结构简单些的测角仪也很容易，尤其是在你会操作测角仪的情况下。可是，在旅行时，就不可能随身携带测角仪了，这个时候，与我们相伴的"活的测角仪"就派上用场了。这种"活的测角仪"就是我们的手指。要用手指估测出视角的近似值，只要事先做些测量工作和一些相关的运算就可以。

　　我们前伸胳膊后食指指甲形成的视角是必须记住的。宽度达1 cm的一般为成人的指甲，姿势处于胳膊伸直的情形时，指甲和瞳孔相距60 cm，此时，我们观察指甲的视角约为1°（实际比1°要小，相距57 cm时的视角才是1°）。未成年人的胳膊不仅短而且指甲也较成人的要窄些，那么，他们的视角也就约为1°。如果朋友们不是完全仰赖书上的数据而是自己测量并加以解答的话，那就太棒了，可以验证一下测量结果同1°的误差。若误差很大，你就需要考虑换一根指头了。

明确了这点后，你就可借助该方法估测其他微小的视角了。那些被你伸出的手臂上的食指指甲挡住的物体，你观测它的视角为1°，其自身宽度的57倍就是你们之间的间距。假设指甲挡住的仅是一半物体，这个时候观察的视角是2°，其自身宽度的约28倍为你们之间的间距。

一半指甲就可挡住一轮满月，即观测到满月的视角为0.5°，这样一来，月球自身直线长度的114倍就是它和我们之间的间距。我们居然徒手解决了很有意思的天文学测量工作！

要测量稍大些的角度不妨借助大拇指带指甲的那节，让它蜷曲，同下面的那节构成90°后手臂前伸。成年人的此节手指长（并非宽度）为3.5 cm左右，瞳孔至手指的间距约为55 cm。这意味着，观测的视角大概为 4°，该手指能估算出4°的视角，当然，也不难估测到8°的视角。

我们下面再介绍两个用"活的测角仪"测量时有可能用到的角度。它们形成于我们伸出胳膊的指缝间，一是尽量让食指与中指分离，此时它们的间隙视角在7°~8°；二是让大拇指与食指分开至最大，此时它们的间隙视角在15°~16°。

在一望无际的郊外旅行的时候，很多情况下需要借助手指测角仪。例如，你发现远方有一列货运火车经过，你就可伸出胳膊，让大拇指蜷曲，这样一来，蜷曲大拇指第一节的一半就挡住了整节车厢，于是车厢的视角在2°。由于每节货车车厢约为6 m，不难求得你和它之间的间距：$6 \times 28 \approx 170$ m。没错，这个数值是近似值，但是比目测的结果误差小一些。

我们同大家探讨一下在原处借助自己的身体构建直角的方法。

假设要过某一个点朝确定的方向引一条垂线，这样的话，站在此点后，面向已知方向，保持头部静止，向要引垂线的方向伸出一只胳膊并竖起大拇指，用眼去看。假设你用同伸出的胳膊同向的眼睛观测（即伸右胳膊就用右眼观察，伸左胳膊就用左眼观察），找些其他的物体，比方说大拇指正好遮住了石块或灌木丛。然后，你就得由站立的位置朝找到的物体牵引直线，即要求的垂线。也许你不太喜欢这个方法，但是使用后你就清楚该"活的垂线测定仪"的益处了。

　　在你手头缺乏测量工具的条件下，借助"活的测角仪"可以测量星球同地平线之间的高度角、测到星体之间间距的角度，等等。甚至，你无须借助任何测量工具，仅需借助图67中的方法，便可做出一切小块地的地形平面图，比如，要测定一个小湖时不妨先作长方形ABCD，然后测量自湖边具有明显特征的点引出的垂线长，接着测定垂线底边到长方形各个顶点的间距。如果遇到了如同鲁滨孙那样的境况，借助自己的手就可测量出角度（并可以用脚测到间距），你的手和脚这些测量工具就能帮你早日摆脱困境。

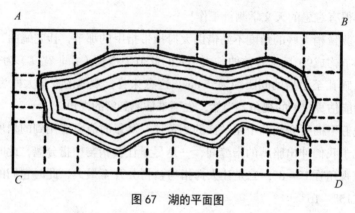

图67　湖的平面图

7. 如何制作测角仪

　　如果你想获得一个比手指测角仪更可靠的测角工具，可以试着制造一个结构简单而实用的测角仪器。该仪器的起源时间不详，名叫"雅科夫测角仪"。这是用发明者的名字命名的，直到18世纪还一直被航海家们使用。它的外观如图68所示，随着时代的进步及科技的发展，更为精确的测角仪"六分仪"出现后，雅科夫测角仪就淡出了人们的视野。

　　该测角仪由一根长70 cm～100 cm的竖杆AB以及可在AB上自由滑动并与AB垂直的CD两部分构成，能灵活滑动的横杆由长度相等的CO和OD两部分组成。如图68所示，若打算用它测星体S和星体S'的角距，应先将该测角仪A端挪到眼前（为观察方便可在杆上安装带有小孔的小木板），接着变换测角仪的方向，使B端能够看到S'星。顺着竖杆挪动横杆CD，使C端能够看到S星。之后只要测到AO的间距，加上已知的CO，即可求出∠SAS'：

熟识三角学的人都知道∠SAS'的正切 $\tan A = \dfrac{CO}{AO}$（第五章将集中介绍这方面的知识）。当然，也可以借助勾股定理求出AC的长度，然后计算相应的角度，该角度的正弦为 $\dfrac{CO}{AC}$。

不过，求未知角度的值也可通过图解的方法。作一任意大小的△ACO，借助量角器测出∠A的度数（如果身边没有量角器，可用本书第五章中介绍的方法）。

横杆的另一段是备用处，如果要测的角度太大，上面介绍的方法不适用时可以启用，此时将不再用AB正对S'星，而是挪动横杆CD，用AD正对S'星，让横杆C端正对S星，如图69所示。此时不论是用运算法还是作图法求∠SAS'的值都是很轻松的。

为了省去次次测量时的运算和作图的烦恼，可在制造该仪器时就测算好并标注在竖杆AB上。如果这样做了，则仅需将仪器正对星体，就能在O点看到结果，即要测的角度值。

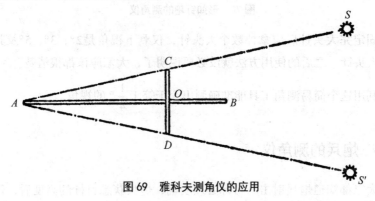

图 69　雅科夫测角仪的应用

8. 钉耙和测角仪

我们还可以用更加简便的方法制作测角度工具，因这种工具外形酷似钉耙（见图70），所以叫作"钉耙测角仪"。该测角工具的一部分是形状不

规则的木板，木板的一端附带有一块钻着小洞观察口的木片，另一端整齐

地固定着数枚大头针，各个大头针的距离为小孔木片与大头针间距的 $\dfrac{1}{57}$

（当然，也可以用紧绷着数根细线的小木框取代大头针）。此时自小木
片上的孔往外看时，大头针间距的视角均为1°。不过，也能依靠重新安排
大头针的位置来让测量结果更加精确：在墙壁上作距离为1 m的两条平行
线，然后在和墙成90°角的走向后退57 m，由木片上的小孔看这两条平行
线。在木板上固定大头针时，应让相邻的两个大头针分别遮住墙上的两条
平行线。

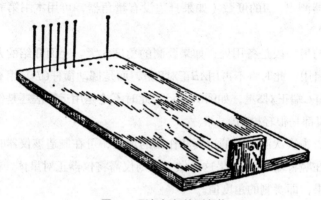

图 70　形如钉耙的测角仪

固定完大头针后应拿掉数个大头针，仅剩下视角是2°、3°、5°及其邻
近的大头针。之后的使用方法就没必要说明了，大家应该都很清楚。

利用这个简易测角工具能准确测出大于等于 $\dfrac{1}{4}$°的视角。

9. 炮兵的测角仪

大家都知道炮兵射击时目标必须明确，炮兵获悉目标的高度后，还要
知道目标的角度并迅速求得与目标的间距，在一些情形下甚至需要转换目
标，要计算转过多少角度才能达到目的。

炮兵一般用心算完成上面的计算工作。他们到底是怎么做到的呢？

观察图71，图中圆的半径 $OA=D$，圆周上的弧为 AB，Oa 等于 r，ab 是
半径 $oa=r$ 的圆周上的一段弧。由于扇形 $AOB \backsim$ 扇形 aOb，则有：

$$\frac{AB}{D} = \frac{ab}{r}$$

经过变形整理后有

$$AB = \frac{abD}{r}$$

其中 $\frac{ab}{r}$ 代表视角 AOB。

获得以上比例后，可以由已知的 D 求得 AB 或者由已知的 AB 求得 D。

炮兵们为了让求解过程更加简单，不是将圆周等分成360份，而是等分成了6 000等份。这样一来，各等份的长度就在 $\frac{1}{1\,000}$ 左右。

图71 炮兵所用的测角仪 3.10 视觉与敏锐度

如图71所示，如果测角圆周 O 的弧 ab 为一个分度单位，那么整个圆周长就是 $2\pi r$，约等于 $6r$。于是 $AB \approx \frac{0.001r}{r} \times D = 0.001D$。

这就是炮兵嘴里常说的"密位"。因此 $AB \approx \frac{0.001r}{r} \times D = 0.001D$，这意味着，要想知道现实生活中的多大间距和测角仪上的一个分度（每一"密位"相对应的角度）单位相对应，仅需把间距 D 中的小数点左移三位即可。

在以军用电话或电台下达作战指令或上报测量结果时，对于"密位"数字要如同说电话号码般报出，比如"密位"105要读成"一〇五"，而写成："1—05"；

"密位"8读作"〇〇八"，但写为"0—08"。

至此，你就能顺利求解这道由炮兵给出的题目了。

【题目】一辆坦克进入了反坦克炮镜的视野，密位是0—05。如果坦克高2 m，那么反坦克炮和坦克的间距是多少？

【题解】测角仪上的5密位对应实际中的2 m，那么，测角仪上的1密位就为0.4 m。由于1密位是千分之一距离，所以对应的间距就为400 m。

若炮兵的指挥或侦察兵没带测角仪，仍然可以借助自己的手掌、手指头或周边可能找到的物件（详见本章第6节）来进行测量。不过炮兵要熟记的数据绝不是角度，而应该是"密位"。

各物体的"密位"的近似值如下：

手掌的"密位"：一二〇，1—20。

中指、食指或无名指的"密位"：〇三〇，0—30。

圆铅笔（直径）的"密位"：〇一二，0—12。

三戈比或二十戈比硬币（直径）的"密位"：〇四〇，0—40。

火柴长的"密位"：〇七五，0—75。

火柴宽的"密位"：〇〇三，0—03。

在我们得到物体的角度数值后，视觉敏锐度的测定就非常容易理解了，甚至你自己都能做这样的测试。

作20道线宽均为1 mm的线，令其和火柴棍长度相等即5 cm。此时图形看上去为一个四边相等的正方形，见图72。将其固定在光线好的地方比如墙壁上，之后面朝墙后退，并在不能清晰分辨出每根直线时停下，标记位置并测量到图形的间距，算出你看不清线条时的视角并写出具体步骤。假设此时你的视角是1′，足以证明你有正常的敏锐度；倘若算出你的视角是3′，就说明你的敏锐度仅为正常情况下的$\frac{1}{3}$，以此类推。

图72 视觉敏锐度测试图

【题目】某人站在2 m的地方看图72时线条变成了一片。他的视觉敏锐度正常吗?

【题解】距离图形57 mm的时候,墙上1 mm的线条视角是1°,也就是60′。自2 000 mm外观察1 mm线条时的视角就可借助下面的式子算出:

$$\frac{x}{60} = \frac{57}{2\ 000}$$

求得$x \approx 1.7'$。

由于$\frac{1}{1.7} \approx 0.6$,于是这个人的视角敏锐度约为0.6,低于正常值。

10. 视力极限

上一节中我们曾提到,视角不足1′时即便是视力很正常的人也做不到逐条分清黑杠线。这条规律对一切物体都适用:无论要测量的物体线条轮廓怎样,但它们的视角如果不到1′,就连视力最正常的人都无法看清(视力正常者视觉敏锐度的平均极限是1′视角)。因为在这种情况下,一切物体都以一个点的状态进入观察者的视线,也就是说,当视角不足1′时,所有的物体都会成为大小、形状都无法分辨的"尘埃"。这是为什么呢?

这个问题牵扯到视觉物理学与生理学,我们在这里仅探讨与该现象相联系的几何学问题。

我们上面的观点不仅适用于远方的庞大物体,同时也适合用到近在咫尺的特别渺小的物体上。我们用肉眼看不清浮于空中的尘埃的形状:事实上尘埃形状大小各异,但是在阳光的映照下,进入我们视线的却是毫无区别的小点。用同样不足1′的视角观测,我们就看不见昆虫躯体上的那些细微之处。缘于相同的原因,若是我们不借助望远镜也就看不到月球乃至其他星体上的细微部位。假设我们的视线范围更广阔些,那样一来,我们看到的世界肯定会是另外一番景象。如果人的视觉敏锐极限不是1′而是0.5′,我们的视力要比现在好很多。有位小说家就给我们描述了这么一位"千里眼":

他(瓦夏)的眼睛非常尖,能看到非常远的地方,因此荒凉的棕色草原对他来说永远充满生命和内容。他只要往远方一看,就会瞧见狐狸、野兔、大鸨或者别的什么远远躲开人的动物。看见一只奔跑的野兔或者一只飞翔的大鸨，那是没有什么稀奇的，凡是走过草原的人都看得见，可是未必人人都有本领看见那些没有奔逃躲藏，没有仓皇四顾，而是在过着家庭生活的野生动物。他能够看到玩耍的狐狸、用小爪子洗脸的野兔、啄翅膀上羽毛的大鸨、钻出蛋壳的小鸨。由于视力好，他除了大家所看见的这个世界以外，还有一个自己独有而别人没份的世界。那世界多半很美，当他看得入迷的时候，谁都会羡慕他。

　　想要自己的视力敏锐度也达到这么高的地步，只需要将视觉的敏锐度极限由1′降至0.5′即可，这可真是奇怪。当然，显微镜和望远镜正是借助了此原理，它们可以改变想要测量的物体光线的行程，让光线变成较为发散的光束出现在我们的视野，让测者在更大的视角观察被测物体。一般来说，显微镜或望远镜可调大100倍，能让我们在比人的瞳孔大100倍的视角下观测物体。于是，我们就可看清藏在视觉敏锐度极限后边的人眼看不见的东西了。因为月球的直径为3 500 km，所以满月的视角为30′。也就是说月球上每个1′视角就长达120 km（$\dfrac{3\,500}{30}$）。我们用肉眼看上去就是一个黑点，但若用100倍的望远镜来观察，无法看清的物体最小值将缩短到$\dfrac{120}{100}=1.2$ km，而一旦用1 000倍的望远镜去观测，无法看清的物体最小值将只有120 m。据此不难得出，如果月球上也有建筑或轮船，并且地球大气透明均匀，那我们借助望远镜是能够看到它们的。不过现实情况是大气层既不透明也不均匀，月球上也没有建筑或轮船，因此，即使是将望远镜调校到很多倍，借助望远镜观察时出现在镜头里的景象也是模糊变了形的。这一点阻碍了高倍望远镜的推广，也成了天文台建筑在山顶的主因。

　　视力极限原理对平常生活里的一般测量也有作用。这一特征是我们与生俱来的，用肉眼无法在间距为物体直线长度3 400倍（也就是57×60）时看到该物体的轮廓，只能看到一个点。如果有人告诉你他用肉眼在250 m处看到了他人的脸，那么除非他是"千里眼"，否则并不可能。人的瞳孔相距3 cm，双眼在3×3 400 cm即100 m外时是看不清别人的脸的，只能看到一个点。炮兵就是借助这一点来练习目测的，按照他们的训练条例，若能看清远处人的一双眼睛而不是一个点，那就说明此人距离他们不超过100步（即60 m ~ 70 m）。而正常人的这一值为100 m，那就是说，炮兵条例中针对的是视觉敏锐度较低，不足30%时的情形。

【题目】一个视力没有任何问题的人，通过3倍的望远镜可以看清10 km外的骑马人吗？

【题解】我们前面讲过，骑马人一般高2.2 m。对我们的眼睛而言，该人与我们相距2.2 × 3 400 ≈ 7 km时就已经是一个点了。借助3倍望远镜观测的话骑马人将在21 km处变成"点"，于是在10 km远的地方借助3倍望远镜观察是可以在大气清晰透明的情况下看清楚骑马人的。

11. 月亮和星星在地平线上

最粗心的观察者都清楚，地平线附近的满月比高挂在天空的满月大得多，当然，太阳也不例外。任何人都知道这一现象，都知道太阳在上升或下落时圆面要比透过云层的高空太阳的圆面大很多（直接用眼睛观察没有被云层掩盖的太阳很容易损伤视力）。

在星体升高或降落之时观察它们，会感觉它们离我们越来越远（超出地球半径的长度），这一现象让人们迷惑不解。不过，观察图73，就能明白产生这一现象的原因了。一般人们都是站在A点来观测自己头顶的星体，但看到地平线附近的星体的观测者位于B点或C点。月亮、太阳及星座在地平线附近变大的原因何在呢？

图73　月亮、星星和太阳的位置不同，看它们的方位也不同

"它们在地平线附近变得很大"这一说法存在问题，这一现象的产生均因我们的视觉出了差错。运用钉耙测角仪或其他的测角工具就不难求证，无论是地平线附近的或高挂穹苍的月亮圆面，看到它们的视角都为0.5°，高空中或者地平线附近的星座，其间的角距是固定的。这意味着"变得很大"只不过是光学错觉而已。

　　可是产生这么重大的和广泛的视觉差错的缘由是什么呢？根据我们的了解，尽管科学家们自托勒密（古希腊天文学家）时就开始竭尽所能地想解开这个谜团，但是两千年过去了，他们依然没有给出没有争议的结果。以下观点同错觉的联系较为紧密：我们平常见到的天空不完全是几何学意义上的半球体，准确地说应该是个截球体，其高度仅为底面半径的 $\frac{1}{2}$ 或 $\frac{2}{3}$。因为在我们的头和瞳孔位于平时位置时我们会"认为"任何物体在水平方向或接近水平的方向上的间距比垂直方向上的间距大，我们观测水平方向的物体时是平视，而观测其他方向的物体时却是在仰视或者俯视。假设我们平躺在地面仰视月亮，我们将认为高空的月亮比地平线附近的月亮大很多[1]。

　　这么一来，心理学家和生理学家就有了新的研究课题：为何我们的视力方向会影响我们观测物体的"大小"。图74为表面呈扁圆的天空对天空中不同位置的星体尺寸造成的影响，我们看到当视角为0.5°时，无论月亮是位于地平线附近（高为0°），还是悬于高空（90°），均能看到月面。只不过，我们感觉月亮的距离总在不断变化：月亮在天顶发生位移后，我们认为地平线上的月亮距我们近，所以，就认为它的尺寸也不同。从同一个视角观察，中心点处的圆小于距中心很远处的。图74左可证实，正是这些原因，垂在地平线上的星星之间的间距似乎变大了，本来相同的角距似乎也出现了变化。

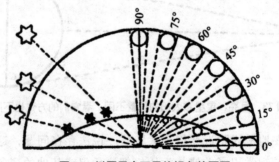

图74　椭圆天空下星体视角的不同

----

[1]　前版《趣味几何学》中别莱利曼阐述地平线附近月亮增大的缘由是参照物的不同："我们看到地平线上的月亮时，它同别的物体处在一起，而高空的月亮周围别无他物。"不过，在附近空无一物的海平面依然会出现错视觉，于是这理由无法让人信服。

不过，在你观察地平线附近的月亮圆面时，你能不能从中观察到比悬在空中时更多的线纹或斑点？答案一定是没有，我们无法观察到更细微的部分，看到的月球视角并没有发生根本性的变化。所以说，这些增大只不过是错觉，对我们而言毫无益处（参阅别莱利曼《趣味物理学》续的第九章）。

12. 月影和平流层气球的影长

我发现了一个利用视角进行计算的例子：求解物体在空间的影长，比如月亮映射于宇宙的圆锥形影长等，这个影子与月亮形影不离。

这个影子到底有多长呢？

为了求出这一结果，并不需要借助三角形相似的特性列出涵盖太阳和月亮的直径或者月日间距的比例关系，用简便易行的办法来解答即可。如果你的瞳孔固定在月亮圆锥形投影末端一个点也就是圆锥形的上端，那么你只能看到挡住了太阳光芒的漆黑一团的圆形物，观察月亮（或太阳）表面的视角为0.5°。大家应该清楚，在视角为0.5°的情况下，物体到观察者的间距是物体直线长度的（2×57）=114（倍）。这说明，月影的圆锥形尖端同月球的间距约是114个月球直径。那么，月球的投影长就约为$3\,500 \times 114 \approx 400\,000$ km。月球的影长超出了地球和月球的距离，因此我们生活在地球上的人就能够看到日全食（出现于月球投影覆盖地球表面的位置）这一奇观了。

另外地球投到空间的影长也易于求得：地球的直径是月球的多少倍，地球的投影长就是月球投影的多少倍，计算后发现大概为3倍。

当然这个办法也可以用于计算更小的物体在空间的投影长，比如在气囊灌满气变成球体时其锥形投影的长度是多少，等等。我们已知平流层气球的直径为36 m，这样一来，它的投影长就为（锥状投影顶部的角度亦为0.5°）：

$$36 \times 114 = 4\,100 \text{ m}$$

我们上面所介绍的物体投影长均为全影，并非半影。

13. 云层高度

第一次见到飞机身后拖着的那条蜿蜒曲折的长尾巴时，一般人都会很惊讶。人们都很清楚，这条长长的白色尾巴是飞机留下的特殊印记，证明它曾经飞到过这里。

在气温较低湿度很大的空气中极易产生雾气。

运转的飞机不停地喷射发动机工作时产生的微粒，这些微粒吸附蒸汽后凝结，云就出现在我们眼前了。如果在白色的尾巴消失前测量出它的高度，就能近似地确定飞机的飞行高度了。

【题目】假设有片云不是漂浮在我们的头顶上，那么如何获知它的高度？

【题解】要想测到它的最大高度，我们就得借助照相机。它的构造相当复杂，不过现在它已经同我们的生活密不可分，而且更受年轻人的青睐。寻找两架相同焦距的、拍摄高度相差无几的照相机，在野外的话就用三脚架架好，在市区的话就将其固定在屋顶或者阳台。照相机间的间距以两个地点的观测者能用瞳孔或望远镜互相看见为宜。

可依靠测量或靠地图以及平面图求得该间距（基距），摆放它们时，令光轴间平行，正对天顶。在要拍摄的物体进入拍摄范围后，其中的一位测量者要向另外一位发出信号，同时开启两架照相机拍照。

洗出的照片尺寸要和底片保持一致，并在照片上作直线YY和XX，通过这两条直线连接照片对边的中点（图75）。之后，在两照片中云的相同位置做标记，分别算出标记点相距YY和XX直线的距离并用x_1y_1和x_2y_2代表。

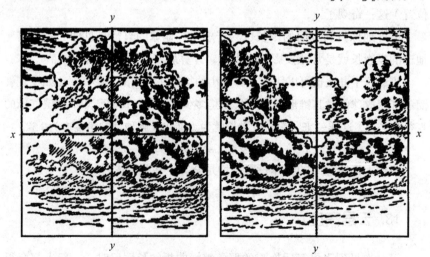

图75 两张云朵的照片

如图75，若是标注于照片上的点有一些位于YY直线的不同侧面，此时设基距（单位：mm）b，焦距（单位：mm）F，那么需要用这个式子求云所在的高度H：

$$H = \frac{b \times F}{x_1 + x_2}$$

若是标注的点同位于YY直线的一个侧面，那么需要用这个式子求云所在的高度H：

$$H = \frac{b \times F}{x_1 - x_2}$$

求云的高度虽无须借助y_1和y_2，但是，通过对比二者能够知道拍摄的精确性。若是安装在胶卷盒中的两张底片安装很紧且对称，那么，照片y_1和y_2的大小就应该完全一样。但是，事实上它们的大小并不完全一样。

例如，拍摄照片时的焦距$F=135$ mm，基距$b=937$ m，于是照片原件上由YY和XX直线到云上标注点的间距是：

$$x_1=32 \text{ mm}, \quad y_1=29 \text{ mm}$$

$$x_2=23 \text{ mm}, \quad y_2=25 \text{ mm}$$

从照片中可以看出，计算云的高度要以下面的公式：

$$H = \frac{b \times F}{x_1 + x_2}$$

于是$H = 937 \times \dfrac{135}{32 + 23} \approx 2\,300$ m。

也就是说，云层位于2 300 m的高空。

假设你对推导云层高度的公式有兴趣，就可以观察一下图76，这是一张空间图（几何学里的立体几何一般涉及空间概念）。

图Ⅰ和图Ⅱ上画的是两张照片的底片，相机镜头里光的中央为F_1和F_2，云朵上的观察点为N，N在底片上的影像为n_1、n_2，两张底片的中央引向云层平面的直线分别为a_1A_1和a_2A_2，基距为$A_1A_2=a_1a_2=b$。

假设自光心F_1顺着F_1A_1向上位移到A_1点，接着由A_1沿着基距线平行位移到C点，它就是∟A_1CN的顶点，之后再由C点运动到N，这样获取的线段F_1A_1、A_1C和CN就相当于相机里的线段$F_1a_1=F$（焦距），$a_1c_1=x_1$和$c_1n_1=y_1$。

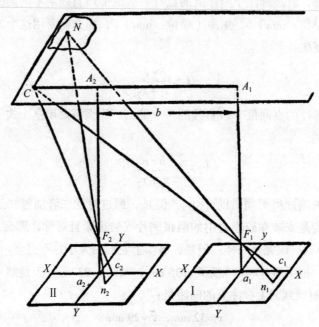

图76　照片底片示意图

第二架照相机同理。

这意味着，我们借助三角形相似的性质，不难得出下面的公式：

$$\frac{A_1C}{x_1}=\frac{A_1F}{F}=\frac{CF_1}{F_1c_1}=\frac{CN}{y_1}$$

$$\frac{A_2C}{x_2}=\frac{A_2F}{F}=\frac{CF_2}{F_2c_2}=\frac{CN}{y_2}$$

通过比较这两个公式，发现$A_2F_2=A_1F_1$，而且我们还得出：

一是$y_1=y_2$（照片准确）；

二是$\dfrac{A_1C}{x_1}=\dfrac{A_2C}{x_2}$。

然而，依照示意图，有$A_2C=A_1C-b$；

于是$\dfrac{A_1C}{x_1}=\dfrac{A_1C-b}{x_2}$，　$A_1C=b\times\dfrac{x_1}{x_1-x_2}$

整理得：

$$A_1F_1 = b \times \frac{F}{x_1 + x_2} \approx H$$

若 n_1、n_2 位于 YY 线的不同面，则 A_1 和 A_2 间存在 C 令 $A_2C = b - A_1C$，则云和地球间的距离为：

$$H = b \times \frac{F}{x_1 + x_2}$$

以上公式适宜在相机和天顶正对的条件下。假设云层相距天顶太过遥远，也没有出现在相机的镜头里，这个时候，就要移动相机的拍摄地点（不过光轴仍需平行），比如让相机在水平方向上正对拍摄物并和基距成90°，或是顺着基距方向。

要预先作相机在各个地点的图而且要推算出求云层高度的公式。

例如，在晴朗的穹苍呈现出了清晰可辨、略白的居于高空的卷云层。过一段时间就需测2次～3次云的高度。假设你测出的结果显示云层在下降，那就预示着天气将要变坏，比如下雨。

可以给升到高处的气球或热气球照几张相并借助上面我们讲的这些方法求它们的高度。

14. 依照片推塔高

【题目】利用照相机不但能测量云层的高度和飞机的飞行高度，还能测出地上建筑物的高度，比如高塔、电杆和塔楼等。图77为拍下的发动机。塔的底座呈方状，每条边均为6 m。

如果你通过照片测量加以运算便可得到该发动机的总体高度。

【题解】我们要说的是，照片上的发动机塔与现实当中的发动机塔几何形态一致，只是尺寸有区别。于是，照片上的塔高同底边对角线的比值和实际当中的比值一样。

通过测照片上的发动机塔得出：变化较小的底边对角线长23 mm，塔高71 mm。

由于塔的底座呈正方形而且经测量其边长为6 m，于是，底边的对角线便为：

$$\sqrt{6^2 + 6^2} = 6\sqrt{2} \approx 8.48 \text{ m}$$

图 77　风力发电机

由此得出

$$\frac{71}{23} = \frac{h}{8.48}$$

求解后得

$$h = \frac{71 \times 8.48}{23} \approx 26 \text{ m}$$

需要说明的是，这个方法不是万能的，它并非适用于所有照片，适用的首要条件是照片的比例关系没有变化（新的摄影师拍的照片经常发生变形）。

15. 练习

请大家运用在第三章学到的知识点求解下面的这些题目：

（1）中等身材的人（高度为1.7 m）视角为12′，求你和他的间距。

（2）骑在马背上的军人（高度为2.2 m）视角为9′，求你和他的间距。

（3）远方8 m高的电线杆视角为22′，求你和电线杆的间距。

（4）在航行中的轮船上看见42 m灯塔的视角为1°10′，求轮船到灯塔的间距。

（5）在月球上看到地球的视角为1°54′，求地月间距。

（6）在2 km的高空看见一栋大楼的视角为12′，求大楼的高度。

（7）大家都清楚地球和月球的距离为380 000 km，而在地球上看到月球的视角是30′，求月球直径。

（8）已知瞳孔和课本相距25 cm，课桌到黑板的距离为5 m，求黑板上的字母在多大时才和课本里的字母视角相同。

（9）用50倍的显微镜能否看清直线长度为0.007 m的人体细胞？

（10）要清楚地看到月球上和我们身高相同的人，需要用多少倍的望远镜？

（11）多少"密位"是1°？

（12）多少度为1"密位"？

（13）飞机在同我们观察方向成90°的高空行驶，穿越300"密位"角度用时10 s。如果飞机刚好距你2 000 m，求飞机的速度。

第四章

公路上的几何学

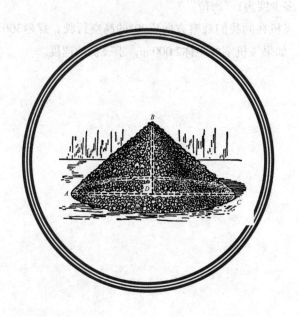

1．步量

当在郊区行走时，可能会遇到铁路或公路，为不使你的旅途寂寞，你可以选择开展一些与几何知识相关的练习。比如，你可借助公路测量你的步长和速度，熟练之后就可以经常用脚步测实际的距离，时间久了你就掌握了步量长度的本领。练习的关键是你走路时要步长一致，也就是走路时的步伐要匀称。

练习时你不妨每隔100 m放一个标志物：以匀称的步伐走完各个100 m的路程并记下自己每次的步数，那么，就会很快知道自己的均步长。不过你得年年练习，比如每个春天来测自己的步长，因为年轻人的步长是不断变化的，因此有经常测量的必要。

在此我介绍一些经反复测量得到的一些数据供大家练习时参考：成年人的平均步长相当于其瞳孔至地面距离的一半，比如某人的瞳孔相距地面140 cm，那么其步长大概为70 cm。

我们不但要知道自己的步长，更应掌握自己的步行速度，这样做对我们大有裨益。大家不妨在平日的练习中利用下面这条规律：测出自己在3秒内的行程，之后就很容易得出自己在一个小时之内能走多远了。如果3秒的时间你走了4步，那么每小时就会行进4 km。使用这个规则，首先需要知道自己的步长，不过这也很容易：

设步长为x，3秒行走的步数为n，于是有：

$$\frac{3\,600}{3}\times nx = 1\,000\times n$$

那么

$$1\,200x = 1\,000$$

于是

$$x = \frac{5}{6}$$

也就是此人的步长为80 cm～85 cm。说明此人走路时的步子迈得较大，而高个子的人才能有如此的步长。倘若你的步长不在80 cm～85 cm，那你就得用其他的办法来量你的步行速度：用手表计时，看走完两根路标杆路程用时为多少。

2. 目测距离

　　如果我们能掌握目测距离的方法，那将是令人高兴的，并且非常实用。不过目测距离的技巧必须勤学苦练才能拥有。当我还在上小学时，夏季和同学去郊区游玩时就常做此类训练，几乎都成了特殊运动项目。那时我和我的小伙伴们自己发明了一项旨在练习目测技巧的赛事，每当踏上大路，大伙儿的眼睛就不由自主地瞄上路边的树木或者离我们较远些的物件，每次比赛都这么在不知不觉中展开。

　　"走到那棵树需要几步？"小伙伴中有人问。

　　大家七嘴八舌地讲自己预估的步数，而后，大家一起数着步子走，然后评论哪个小伙伴预估得比较准确，预估得最准确者胜出。然后由胜出者宣布接下来的目测物，并得到一分。10轮为一个赛程，谁得分最高，谁就是该轮比赛的胜利者。

　　当时的情景时常在我脑海浮现，刚开始的时候，大家预估的距离和实际的相去甚远。不过，慢慢地预估的距离就比较接近实际的距离了，等大家掌握了些目测距离的技巧后，误差就越来越小了。但是，一旦周边的环境有巨变，如由田野转到林木稀疏的树林或者穿越灌木丛生的林间空旷地，又或者是在城区尘土漫天、窄而拥堵的街道以及天气不好的夜晚等，大家还是会出现误差。不过经过苦练，大家在任何条件下的目测都越来越准。再然后，我们组在目测距离方面的误差已经微乎其微了，大家都觉得这个运动项目已经失去了挑战性——大家都能准确目测出物体的距离且误差很小，已经没有什么练习的意义。我们通过练习掌握了目测距离的窍门，这给小伙伴们日后的生活带来了诸多益处，郊游时就可以派上用场。

　　当时我们练习目测时，有些现象颇有趣：目测距离的准确性似乎和视觉的敏锐性无关。我们组有个视力不太好的小伙伴，他在掌握目测技巧方面并不比别的小伙伴逊色，目测的准确性也非常高，有次他甚至还是获胜者。相反，有个小伙伴视力没一点问题可就是学不会目测距离。

　　随着时间的推移，我发觉目测距离还有另外一个用途——测大树的高度。

　　日后我同一些大学生练起了目测高度——此时已不再是因为好玩而去

练了，而是为未来的工作做准备，于是我又一次发现视力不好的人掌握目测距离技巧的能力并不比视力好的人差。做这个练习可以让视力不好的人获得一些宽慰：尽管视觉不怎么敏锐，但依然能掌握目测距离的技巧。

不管什么季节、什么环境都不影响我们练习目测距离的技巧，即便是走在城中的路上，也能给自己一些目测题，练习一下到附近的路灯或其他物体得走几步。天气不好的时候也能用这个方法来消磨时光。

一般军人都非常重视精通目测距离的本领。不管是侦察兵还是射手、炮手都必须具备目测距离的技巧。据我所知军人练习目测距离的方法颇为有趣：

目测距离时，物体与目测者的远近可依目测者观察物体时的清晰度或者在100步～200步之外观察物体时物体会越来越小的规律来确定。不过得注意下面几点：由于感官的某些特性，在强光下色泽和周围地理环境或水面形成强烈对比的、比别的物体高些的、相较于单个物体成群的以及较为凸出的物体，一般看起来会大一些。

另外，在练习目测距离的本领时，下面的这些数据可作为参考：能分辨清人的眼睛和嘴时，说明距目测对象约有50步远；如果看到的人眼是两个黑点，说明距目测对象大概有100步远；如果能看清服装上的纽扣和饰物，说明距目测对象大概有200步远；如果能看清人脸，说明距目测对象大概有300步远；能看到前面的人正在迈步，说明距目测对象大概有400步远；能看清衣服的颜色，说明距目测对象大概有500步远。

就算如此，也会在目测距离时与实际距离出现10%的误差。在一些情况下目测距离时甚至会出现很大的误差：第一，较为平整的并且色泽和周围相同的表面，如河流湖泊的水面、纯沙土的平川、长满荒草的田野等，在这些地方目测距离时，目测距离往往比实际距离小，有时候误差甚至会达到一倍或以上；第二，被铁路路基、小土丘、建筑物或高台挡住的目测物，这时目测距离时，会觉得被测物在高台上而不是高台后，往往也出现目测距离比实际距离小的状况（见图78、图79）。

在上面那些状况下仅仅依靠目测显然是远远不够的，就得使用我们前面已经介绍过的或后续章节即将探讨的其他方法来完成测量工作。

图 78　位于土包之后的大树　　　图 79　站在土包上所看到的大树

3. 坡度

在我们顺着铁路路基漫步时，不仅可以见到写有千米数的里程标，还可以见到别的矮木桩，上边固定着一些写着我们看不懂的数字的木牌（见图80）。

图 80　坡度差

大家知道吗？这就是"坡度标"，如果木牌上的数字为0.002，则意为该处的坡度（木牌的倾向指示着坡向）是0.002，即此段铁轨相隔1m便会升（降）2 mm，140 m表示坡度延续的长度，接着走下去你会看到另一个坡度标，另一块标志牌上写着：0.006/55，意为在接下来的55 m路程中，每米铁轨升（降）6 mm。

知道了坡度标所代表的含义，大家就能很快求出坡度标指示牌标明的临近站点间的高度差。例如，首个坡度标上的高度差是：

$$0.002 \times 140 = 0.28 \text{ m}$$

另一个坡度标的高度差异为

$$0.006 \times 55 = 0.33 \text{ m}$$

其实现实生活中，并不用这样的单位求铁轨的坡度值，因为将铁轨的坡度值转换成度数也易如反掌。观察图80，其中AB为铁路线，A点和B点的坡度差为BC，于是，我们可用下面的式子在标示牌上标志AB与水平线AC间的坡度$\dfrac{BC}{AB}$。由图看$\angle A$很小，因此我们可将AB和AC视作圆的半径，而BC则是一段以AB为半径的圆上的圆弧[1]。若是求出了$\dfrac{BC}{AB}$的值，就很容易求出$\angle A$了。假设坡度为0.002，我们就可如此推演：在弧长=半径$\times \dfrac{1}{57}$的情况下，$\angle A = 1°$（见图80）；接下来用以下式子求得弧长=半径$\times 0.002$时的对应的角度值x：

$$\frac{x}{1°} = \frac{0.002 \times 57}{1}$$

于是$x = 0.002 \times 57 = 0.11°$，即$7'$。

铁路路基一般允许角度很小的坡度存在，铁路上规定的最大坡度为0.008，折算成度数也仅为：

$$0.008 \times 57 < 0.5°$$

此值为铁路坡度所允许的最大值。在俄罗斯的外高加索山区坡度的大限升至0.025，这算成度数约为$15°$。

如此微乎其微的坡度常人一般很难发现。只有坡度高至$\dfrac{1}{24}°$左右后，才会让行人有所觉察。折算成度数大概为$\dfrac{57}{24}°$，大概为$2\dfrac{1}{2}°$。

倘若我们顺着铁路路基走个上千米，记录下路上发现的坡度标，便可求得路上坡度升降的数值，即求出我们的起点和终点高度的差值。

【题目】有人在铁路上漫步，开始时他发现有块牌子标有坡度升高

---

[1]　有些人认为AB并不能近似于AC，但是，BC只是AB的百分之一，而AC与AB之间的差很小。依照勾股定理有：

$$AC^2 = \sqrt{AB^2 - \left(\frac{AB}{100}\right)^2} = \sqrt{0.9999AB^2} = 0.99995AB$$

它们的长仅差为$0.00005AB$，若求的只是近似的结果，这点误差一般在所允许的范围之内。

$\dfrac{0.004}{153}$，而后他又遇见了如下一些标示着类似文字的牌子：

平　　　　升　　　　升　　　　平　　　　降

$\dfrac{0.000}{60}$　$\dfrac{0.0017}{84}$　$\dfrac{0.0032}{121}$　$\dfrac{0.000}{45}$　$\dfrac{0.004}{210}$

倘若他在接下来的写有具体坡度标前止住了脚步，那他到底走了多远的距离，首个坡度标和最末一个坡度标的高度是多少？

【题解】这个人所走的全部路程为：

$$153+60+84+121+45+210=673 \text{ m}$$

因铁路而升高了：

$$0.004 \times 153+0.001\ 7 \times 84+0.003\ 2 \times 121 \approx 1.15 \text{ m}$$

下降了：

$$0.004 \times 210=0.84 \text{ m}$$

于是在终点时的高度超出出发点

$$1.15-0.84=0.31 \text{ m}=31 \text{ cm}$$

4. 碎石堆的体积

我们这些"户外几何学家"发现了路边的碎石堆，首先想到的就是它的体积有多大，后来想出了如何解这道连习惯在纸上和黑板上解决数学难题的人都要挠头的题目。由图81来看，我们需要解决的问题是求圆锥体的体积，但是它的底面半径与高都不方便直接测量，那么就需要借助一些比较间接的办法来获取我们计算需要的数据。例如，你利用皮尺或绳子测量底面的圆周长，然后用该值去除[1]6.28（也就是2π），这么一来就确定了半径值。

计算高度就难些了：第一步你得测量AB的高也就是侧高，不过你也可采取修理工班长常用的方法，直接测出两边的侧高ABC（方法就是把皮尺或其他的测量工具由石堆顶扔过去），底面半径已经求出，自然就可以根据勾股定理求得碎石堆的高BD了。大家看下面这个例子就知道该怎么做了。

---

[1]　实际上计算直线长度时一般都用乘法代替除法，也就是乘除数的倒数 0.318，如果需要计算半径就乘 0.159。

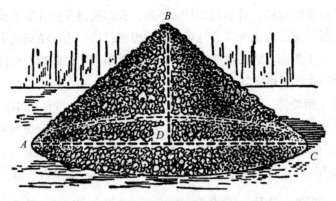

图 81　求碎石堆体积

【题目】有个呈圆锥形的碎石堆，已知它的底面圆周为12.1 m，两边的侧高是4.6 m，求这堆碎石的体积。

【题解】碎石的底面半径是：

$$12.1 \times 0.159 \approx 1.9 \text{ m}（并不是12.1 \div 6.28）$$

其高为：

$$\sqrt{2.3^2 - 1.9^2} \approx 1.2 \text{ m}$$

那么，它的体积就应为：

$$\frac{1}{3} \times 3.14 \times 1.9^2 \times 1.2 \approx 4.5 \text{ m}^3$$

5.　"山冈"

不管是碰到碎石堆或山堆，我都会想起普希金于《吝啬的骑士》中描述的一个东方的故事：

> 记得，在哪本书里读过：
>
> 有个皇帝，有一天命令全军将士，
>
> 一人抓把土堆成一堆，
>
> 结果高高的山冈拔地而起——
>
> 皇帝站立山头，心旷神怡朝下望：
>
> 山谷间是白色的穹庐万帐，
>
> 海面上是竞发的小船千帆。

　　这个故事很奇特，看似真实其实不然。我们通过几何计算就能证明，如果古时候的皇帝心血来潮，打算将他的想象付诸行动，结局定会令他大失所望：置于他面前的仅仅是一个小土丘，微小到即使像李白那样具有丰富想象力的人都很难将其说成"骄人的山冈"。

　　首先来粗略算一下古时候的君主会有几万大军。古代的军队可没有今天的军队人数多，100 000兵马的军容场面都很壮观了。于是如果骄人的"山冈"正是用100 000捧土堆砌的，那么大家可以抓一大把土放入杯子，去测量其体积。可是只有一把土是不能将杯子塞满的，如果古时候士兵抓的那把土的体积为 $\frac{1}{5}$ 公升（1公升为1 000 cm³），那么"山冈"的体积就是：

$$\frac{1}{5} \times 100\ 000 = 20\ 000 公升$$

即20 m³。

　　很显然，"山冈"最多就是个体积在20立方米左右的圆锥体。这么可怜的体积是会令突发奇想的君主大失所望的。我们接着求，目的是计算出山冈的高度。那么，我们首先就得确定圆锥体的底面角度和侧高。在这里，我们将其看作与自然形成的坡度一样，也就是45°：比这更大的坡度不存在，再高了上面的土就会往下掉（较为适宜的角度是选取平缓点儿的）。我们按照45°角会有如下的结论，也就是圆锥体的高等同于其底面半径，由此就有：

$$\frac{\pi x^3}{3} = 20$$

最后求出的结果为：

$$x = \sqrt[3]{\frac{60}{\pi}} \approx 2.4\ \text{m}$$

　　将一个只有2.4 m高、仅有人体身高1.5倍的土丘说成是"骄人的山冈"，想象力真的需要非常丰富。倘若土丘具有平缓的坡度，求出的高度就比这还小。

　　古代，具有大量军队的人是阿提拉，历史学家估算，这个大君主的军队人数为700 000。假设这些士兵都来堆砌土丘，积成的土丘高度较之前面我们求出的高度高不了多少：新土丘的体积比之前的土丘大6倍，于是，它的高度高出我们刚才求得的高度 $\sqrt[3]{7}$ 倍，也就是1.9倍。那么新土丘的高度是：

$$2.4 \times 1.9 \approx 4.6 \, m$$

虚荣的君主阿提拉怎么会满意这么一个小小的土丘呢？

站在这么高的位置虽然可以看见万帐穹庐，但如果是观海，就只有到达距海更近的地方。

高度不同，看到的距离也不相同，这个问题我们会在第六章介绍。

6. 拐弯

公路、铁路上的拐弯都呈弧状，并且非常和缓，不是急转弯。这些弧线是圆的一部分，这样一来路的直线部分成了这些弧线的切线，比如图82中，弧线 BC 就将 AB 与 CD 这两条直线地段的路连接在了一起，直线路段 AB 和 CD 同弧线路段分别相切，交点为 B、C。也就是说，半径 OB 与直线 AB 成 $90°$，另外半径 OC 与直线 CD 也成 $90°$。这样做的目的是从笔直的路段缓慢地转为曲折的路段，而后再次走笔直的路段。

弯曲路段的半径都较长。一般的铁路，曲折路段的半径不低于 $600 \, m$，铁路干线上，曲折路段的半径在 $1\,000 \, m$，有时甚至可达 $2\,000 \, m$。

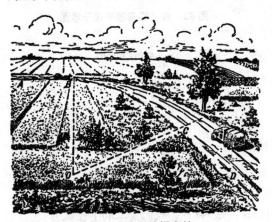

图82　公路上的拐弯处

7. 铁路弯道

假设你正处于公路上的一个弯道旁，你该如何测量弯道的半径？不要

趣味数学全集 下

以为这个问题和上一节中的问题一样简单，虽然图上的求解并不复杂，随便作两条弧，过它们的中心分别作垂线，圆弧的中心也为垂线的交点，之后要求的半径是曲线任意一点到中心的间距。

但是当场作图，显然有些不便，原因是弯道的中心或许会在远离公路1 km～2 km处，好多都无法靠近。我们是可以作平面图，然而，这却很难。

倘若不作图，而借助半径的求法，就没有困难了。我们可以想象将AB这条弯道弧线延长做成一个圆，如图83。连接CD，测出CD及"矢"EF的长度（也就是弓CED的高）。一旦有了这两个数据，就很容易求出半径的长了。现在将CD以及圆的直径看作交点为F的两条弧，并假设弧长为a，矢长为h，以R代表想象圆的半径，用式子表示就是：

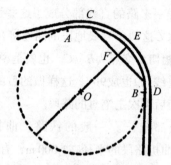

图83　求公路弯道半径示意图

$$\frac{a^2}{4} = h(2R - h)$$

整理后为：

$$\frac{a^2}{4} = 2Rh - h^2$$

要求的半径是：

$$R = \frac{a^2 + 4h^2}{8h}$$

假设矢h=0.5 m，弦=48 m，我们要求的半径就为：

$$R = \frac{a^2 + 4h^2}{8h} = \frac{48^2 + 4 \times 0.5^2}{8 \times 0.5} = 580 \text{ m}$$

假设2R－h=2R，以上的求解过程还可再简便些，因为h相对R来说非常小（R通常以数百米计算，而h不过几米）。那么，求近似值的公式就可简化成：

$$R = \frac{a^2}{8h}$$

如果将上面解答的问题也代入这个公式，那么，得到的结果就会相同，R=580 m。

弯道的半径解决了，还知道弯道的曲线中心位于途经弦中心点的垂线之上，于是，你就大概得知弯道的曲线中心应在什么位置了。

假设都已在铁路的路基之上铺好了铁轨，这样求解弯道半径位置就变得容易了。实际上，沿着内侧铁轨的切线拉直细绳，便能得到外侧铁轨弧之弦，弦的矢长h与两条铁轨的间距相同（图84），如果两条铁轨相距1.52 m，那么设弦长a，于是弯道半径约为：

图 84　铁路弯道

$$R = \frac{a^2}{8 \times 1.52} = \frac{a^2}{12.2}$$

假设a=120 m，于是弯道的运动轨迹呈曲状，半径为1 200 m[1]。

8. 海底世界

由铁路上的弯道突然跳到了大洋底的确有点超乎想象，一时半会儿让

---

[1]　现实生活中这个方法运用起来有困难，因为弯道的半径一般都很长，测弦长的绳子必须很长才行。

人转不过弯。不过，这两类题型被几何学合情合理地串联起来了。

　　我们目前谈到的是海底的弯曲度与形状：凹下去的、平坦的或凸起的。毋庸置疑，或许大家觉得这有点不可思议：这样难以捉摸的大洋居然没有以深渊的状态出现。正如我们即将见到的那样，大洋的底是凸出的，而不是凹进去的。

　　我们自以为大洋"无底无边"，却常常忽略了大洋的"无边"是它"无底"的上百倍。大洋是一种很厚的水层，自然地跟着地球表面的升降而凸凹。

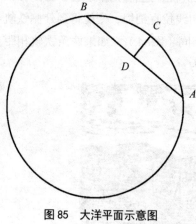

图 85　大洋平面示意图

　　我们就拿大西洋来讲。它在赤道附近的宽约为赤道周长的 $\frac{1}{6}$，如果图85中的圆就是赤道，大西洋的水面显然如同弧ACB。倘若其有平坦的洋底，这样的话，其深与CD相同，也就是弧ACB的矢长。我们清楚弧AB的长度是圆周长的 $\frac{1}{6}$，因此，AB也恰为圆内接正六边形六条边中的一条（学过几何的人都清楚，这条边和圆的半径相等）。在此我们就借助求公路弯道半径时发现的公式求解CD：

$$R = \frac{a^2}{8h}$$

变形整理后有：

$$h = \frac{a^2}{8R}$$

由已知条件我们得到a=R，于是不难得出：

$$h = \frac{R}{8}$$

由于地球半径R=6 400 km，那么：h=800 km。

　　这意味着，如果大洋底部平坦，那么，其最深处可达800 km。但实际上其最深处不足10 km。如此一来我们不难得出，大西洋的底部呈凸起状，只是弯曲的幅度不如水面而已。

　　其余的大洋也如此：其他大洋的底部在地表上也表现出有些弯曲的凸状，不过，这并没妨碍地球呈球状体。

　　我们用于求解公路弯道的半径公式说明，水域越是开阔，大洋底部的凸出得就越厉害。细究公式 $h=\dfrac{a^2}{8R}$ 不难看出，如果大洋底部光滑，在大洋的海面宽度 a 递增时，深度 h 就会以较快的速度增加，即同宽度的平方成比例递增，也就是以 a^2 的速度加深。实际上，随着水域逐渐变得辽阔起来，洋面深度的递增不会很激烈。例如，大洋的宽超出一些海的100倍，不过，它深不过这些海的 $100×100=10\,000$ 倍，因此，宽度不如大洋的水域底部凹度更大些，比如位于克里米亚与小亚细亚中间的黑海，其底部就不如大洋凸起得厉害，然而也算不上平坦，而只说是略凹些。黑海表面呈现出的弧线近2°（应该说是地球周长的 $\dfrac{1}{170}$ ），有均匀的深度，均值大概为2.2 km，通过对比弧线和弦，我们发现，假设黑海的底部平坦，其最深处为：

$$h=\dfrac{40\,000^2}{170^2×8R}=1.1\ \text{km}$$

　　这就说明，黑海的底部的确较之从两个海岸的最宽处在联想中牵引出的平面低约1 km。也就是说，黑海底部并非是凸起的，而是凹陷的。

9. 存在"水山"吗

　　我们在本章的第七节求过弯道的半径那个公式就可以解决这个问题。

　　当时我们求解的那道题就能说清楚这个问题。现实中是有水山的，不过这个问题得从几何学上去考虑而不是从物理学方面。不管是一片大海还是一片湖泊，从某个角度来讲可以说成是"水山"。在你漫步于一个湖边时，凸出的水面让你都望不到对岸相应的那点，湖越大，水面凸出部分就越高。

　　大家如此计算水面的高：

　　由式子 $R=\dfrac{a^2}{8h}$ ，我们求得矢长 $h=\dfrac{a^2}{8R}$ ，其中两岸间距 a ，若 $a=$ 100 km，则"水山"高：

$$h = \frac{10\,000}{8 \times 64} \approx 200\,\text{m}$$

这座"水山"够高吧！

就连宽10 km的湖凸起的"水山"也能比两岸连接线高出2 m，远超一般人的身高。

那么，我们将凸出的水叫"水山"合适吗？

由物理学方面来讲是不合适的，因为凸出的部分并没超出水平面，最多叫"平原"。说AB是呈水平状的直线而ACB弧线位于它的上方是不正确的。此处的水平线为ACB而非AB，静止的水面已和其相叠。我们再来看ADB直线，其向水平线倾斜：AD斜向"地表"之下的点D（也是最深的点），然后再次朝上，到了点B自"地下"（或水下）跃出。如果我们顺着直线AB建造地下管道，将一个球在A点扔到管道，球不可能静止不动地待在原地，它会顺着管道向下翻滚（我们说的是管道和小球足够顺滑的状况），这种运动状态一直会延续至D点，然后继续向下滚，直至它出现在B点。接下来球移动至D点，之后回到A点，就这样循环往复。

直觉会让我们以为ACB是山，不过自物理学角度而言，其实就是块"平地"。说它是"山"源自几何学意义。

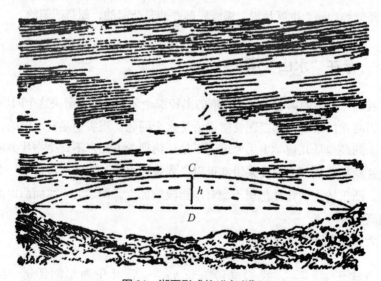

图86 湖面形成的"水山"

第五章

"旅行三角学"：
没有公式和函数表

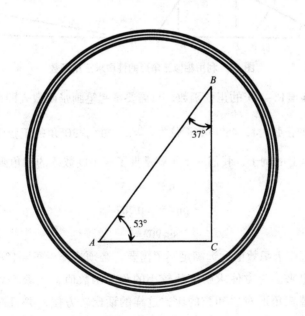

1. 如何求正弦

在本章我要给大家介绍不借助函数公式和函数表，而是利用函数的定义求函数的方法，这种方法在求三角形边长时的精确度为0.02，求三角形内角时的精确度为1°。如果你去旅游，一时半会儿也找不到函数表，函数公式又记不起几个，那么就可以用我说的这种方法了。鲁滨孙流落至人烟罕至的荒岛时也曾利用到三角学。

如果你还不了解三角学或已经遗忘了它，那就跟着本书学一些，也不晚。三角形的锐角正弦是该三角形的对边与弦长的比，弦则让垂线截断了，比如角α的正弦为BC∶AB或ED∶AD或D'E'∶AD'或B'C'∶AC'（见图87）。很显然，这几个三角形相似，因而以上几个式子的比值相同。

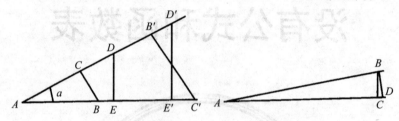

图87　利用相似三角形的性质求三角函数

想要知道1°~90°的正弦函数，只需要拿起笔画张函数表即可。

90°角的正弦为1，45°角的正弦为 $\frac{\sqrt{2}}{2} = 0.707$，30°角的正弦函数为 $\frac{1}{2}$。

通过以上的例子，我们一下子就掌握了三个度数角的三角函数值：

$$\sin 30° = 0.5$$

$$\sin 45° = 0.707$$

$$\sin 90° = 1$$

仅有这三个函数值远远满足不了需要，必须将至少每隔1°角的正弦函数值都求出来。为方便求解度数较小的角的函数值，大家不妨用弧和半径的比代替三角形对边和弦的比，这样的话比较方便，并且误差小。我们再回头去看图87，$\frac{BC}{AB}$ 和 $\frac{BD}{AD}$ 大小差不多，况且 $\frac{BD}{AD}$ 容易求得。比如当

$\angle \alpha = 1°$时，弧 $BD = \frac{2\pi R}{360}$，由此，也可以说：

$$\sin 1° = \frac{2\pi R}{360R}$$
$$= \frac{\pi}{180}$$
$$= 0.0175$$

同样地，我们也能用这个方法求得：

$$\sin 2° = 0.0349$$
$$\sin 3° = 0.0524$$
$$\sin 4° = 0.0698$$
$$\sin 5° = 0.0873$$

验证后若觉得精确度不是太低不影响使用的话，就以此类推地写出函数表中的其他函数值。例如这样求出来的 $\sin 30° = 0.524 \neq 0.500$，大概误差出现在第二个数字上，误差值约为24÷500即5%。这么大的误差就是在旅游中用也略显大了。我们继续探索跟上述方法近似但求出的结果的误差在可接受范围内的正弦值计算法，以下我们就用另外一种能求出较为精确结果的方法来试试求$\sin 15°$的值。为方便计算

我们先来制作图88。由图看出 $\sin 15° = \frac{BC}{AB}$，作BC的延长线与AE相交于点D，再过A点作过C点的直线，之后有$\triangle ADC \cong ABC$，$\angle BAD$=30°。过点B作垂线BE，有$BE \perp AD$，于是

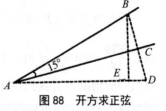

图88 开方求正弦

$\angle BAE$=30°，于是有 $BE = \frac{1}{2}AB$。根据勾股定理得出：

$$AE^2 = AB^2 - (\frac{AB}{2})^2 = \frac{3}{4}AB$$

求得

$$AE = \frac{AB}{2}\sqrt{3} = 0.866AB$$

于是便有：

$$ED = AD - AE = AB - 0.866AB = 0.134AB$$

接下来可由$\triangle BED$计算得到BD：

$$BD^2 = BE^2 + ED^2 = (\frac{AB}{2})^2 + (0.134AB)^2 = 0.268AB^2$$

$$BD = \sqrt{0.268AB^2} = 0.518AB$$

由于 $BC = \dfrac{1}{2}BD$，则 $BC = 0.259AB$，于是

$$\sin 15° = \frac{BC}{AB} = \frac{0.259AB}{AB} = 0.259$$

倘若只保留三位小数，这个数值即为 $\sin 15°$ 的数值。但是，我们用前面的办法计算出的近似值，为0.262。我们将0.262与0.259相对比发现，仅取两位数的话，两个结果是一致的，都为0.26。不过以近似结果代替精确值时会出现千分之一即0.1%的误差。可是在旅途中的这点误差并不会影响使用，这就意味着，大家是可以用我们这个方法求 $1° \sim 15°$ 角的正弦函数值的。

我们依据一些比例便可轻松确定 $1° \sim 15°$ 内各角的函数值：

$$\sin 30° - \sin 15°$$
$$= 0.5 - 0.26$$
$$= 0.24$$

于是可以认为角度增大 $1°$，其正弦就增大这个差值的 $\dfrac{1}{15}$，换句话说，增大 $\dfrac{0.24}{15} = 0.016$。从科学层面讲这并不精确，不过误差常在第三位出现，所以一般情况下，我们仅用前两位数字。那么，在大家把0.016和 $\sin 15°$ 的函数值加上后，就可以得到 $\sin 16°$、$\sin 17°$ 和 $\sin 18°$ 等的函数值。

$$\sin 16° = 0.26 + 0.016 = 0.28$$
$$\sin 17° = 0.26 + 0.032 = 0.29$$
$$\sin 18° = 0.26 + 0.048 = 0.31$$
$$\cdots\cdots$$
$$\sin 25° = 0.26 + 0.16 = 0.42$$

等等。

这些函数值的前两位都是精确的，基本能满足我们旅途中的测量需要：这些值减真实的正弦值的差比最末小数的一半要小，也就是小于0.5%。在求解 $30° \sim 45°$ 这些角的正弦值时，也可以用该方法计算 $\sin 30° \sim \sin 45°$ 的函数值，不过

$$\sin 45 - \sin 30 = 0.707 - 0.5 = 0.207$$

而$0.207 \div 15 = 0.014$。将0.014逐一加到sin30°角的正弦值上，得到：

$$\sin 31° = 0.5 + 0.014 = 0.51$$

$$\sin 32° = 0.5 + 0.028 = 0.53$$

$$\cdots\cdots$$

$$\sin 40° = 0.5 + 0.14 = 0.64$$

等等。

余下的就是45°角以上的正弦了，这时我们再次使用勾股定理。比如我们求sin53°即$\dfrac{BC}{AB}$的值（图89），由于$\angle B=37°$，我们可以用相同的办法求得它的正弦值：

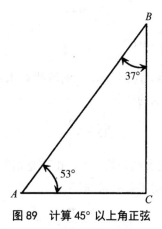

图89　计算 45° 以上角正弦

$$\sin 37° = 0.5 + 7 \times 0.014 = 0.6$$

由于$\sin B = \dfrac{AC}{AB}$，于是$\dfrac{AC}{AB} = 0.6$，$AC = 0.6AB$。于是求BC：

$$BC = \sqrt{AB^2 - AC^2} = \sqrt{AB^2 - (0.6AB)^2} = AB\sqrt{1-0.36} = 0.8AB$$

于是$\sin 53° = \dfrac{0.8AB}{AB} = 0.8$。

总而言之，只要会求平方根，就能求出各个角度的函数值。

2. 平方根

代数课程里面讲的开平方根的方法不易牢记。我写的几何学教科书中使用的是一个老方法——以除法计算平方根。下面我要给大家介绍另外一个比教科书上的方法简单很多的方法。

例如，让你求13的平方根，那么我们已经知道答案就在3和4之间，也就是3加一个分数。于是我们设这个分数为x。

那么

$$\sqrt{13} = 3 + x$$

通过计算得到

$$13 = 9 + 6x + x^2$$

分数x平方后会更小，那么，在首次计算近似值时就可以忽略；便有：

$$13 = 9 + 6x$$

通过计算就有 $x = \dfrac{2}{3} = 0.67$。

这意味着，$\sqrt{13} \approx 3 + 0.67 = 3.67$。倘若我们想让计算结果更为精确，我们就要让式子变成下面的样子：

$$\sqrt{13} = 3\dfrac{2}{3} + y$$

在这个式子中，y代表的分数不大，也许是正数也许是负数。

通过给式子两边同时平方后得到：

$$13 = \dfrac{121}{9} + \dfrac{22}{3}y + y^2$$

舍去y^2求解得 $y = -\dfrac{2}{33} = -0.06$。

由此得到$\sqrt{13}$的第二个近似值为：

$$\sqrt{13} \approx 3.67 - 0.06 = 3.61$$

还可以求第三次近似值，方法同上。

我们也用代数课本上介绍的求平方根的方法计算过了，通过计算得到：

$\sqrt{13} = 3.61$（保留两位小数）。

3. 由正弦求角度

我们已掌握了求0°～90°中任一角度含有两个小数正弦值的方法。因此现在即使不参考函数表我们也可以自编用于计算近似值的函数表。

不过，为了解决一些三角学的求解问题，我们还得学会验算的方法，即已知正弦求出角度。其实这也不难。举个例子可能更便于大家理解，比如我们现在想计算正弦为0.38的角度值。

我们已知道这一正弦值0.38＜0.5，那么我们要求的角度一定小于30°且大于15°，由于sin15°=0.26，要计算出15°~30°中的任一角度，我们可以用本章第一节介绍的方法求解：

$$0.38-0.26=0.12$$

$$\frac{0.12}{0.016}=7.5°$$

$$15°+7.5°=22.5°$$

要求的角度大概为22.5°。

再举个例子，已知正弦等于0.62，计算和它所对应的角度。

$$0.62-0.50=0.12$$

$$\frac{0.12}{0.014}=8.6°$$

$$30°+8.6°=38.6°$$

也就是说要求的角度在38.6°左右。

我们看下面这一例子，正弦值是0.91，那么和它对应的角度是多少？

此正弦值介于0.71和1之间，经推算要求的角度在45°~90°中。观察图90，$BA=1$ m，$\angle A$的正弦即为BC的长度值。那么我们先求出BC，而后来计算$\angle B$的正弦：

$$AC^2=1-BC^2=1-0.91^2=1-0.83=0.17$$

求得 $AC=\sqrt{0.17}\approx0.42$ m。

我们已经知道了AC的长度，可以求出$\angle B$，之后便可以求出$\angle A$。观察图90可知：

$\angle A=90°-\angle B$，由于0.42介于0.26到0.5之间，那么$\angle B$介于15°到30°之间。于是：

$$0.42-0.26=0.16$$

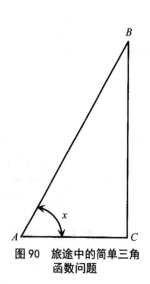

图90　旅途中的简单三角函数问题

$$\frac{0.16}{0.016} = 10°$$

$$\angle B = 15° + 10° = 25°$$

于是：

$$\angle A = 90° - \angle B = 90° - 25° = 65°$$

现在，我们已经为大家介绍了求近似值解答三角学题目的办法。掌握了依照角度求正弦的方法，自然也就掌握了依照正弦求角度的方法，旅途中，这个精确度已足够了。

有人会说怎么不讲余弦和正切呢？就学个正弦够用吗？对于这些问题我们后面将用对实际例子的计算来告知大家：只要知道正弦值，解决旅行中简单的三角函数问题就已足够。

4. 太阳的高度

【题目】量杆 AB 的高 $h=4.2$ m，它的影长 $BC=6.5$ m（见图91），求此时的太阳在地平线上的高度，也就是求 $\angle C$ 的大小。

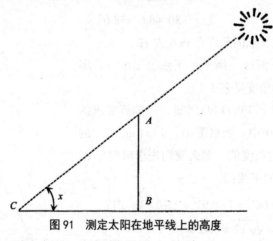

图 91　测定太阳在地平线上的高度

【题解】非常明显，$\sin C = \dfrac{AB}{AC}$，并且

$$AC = \sqrt{(AB)^2 + (BC)^2} = \sqrt{4.2^2 + 6.5^2} = 7.74 \, \text{m}$$

那么，求得的正弦便为 $\dfrac{4.2}{7.74} = 0.55$。

按照我们在本章第一节所介绍的方法，我们通过计算得出∠C=33°。也就是说太阳在地平线上的高度为33°，精度可达0.5′。

5. 用指南针测距离

【题目】如果你带着指南针在河边漫步，无意间看到了河中间的A岛（见图92），很想知道河岸上的点B到小岛的距离。于是，你借助指南针确定了由NS和BA构造出的∠ABN以及NS和BC构造出的∠NBC，又测出BC=187 m。接着对过点C的直线AC采取同样的做法。假如你得到了如下的一些数据：

NS线偏东52°为AB线；

NS线偏东110°为BC线；

NS线偏西27°为CA线；

BC=187 m。

求BA。

【题解】已知在△ABC中BC=187 m。

$$\angle ABC = 110° - 52° = 58°$$
$$\angle ACB = 180° - 110° - 27° = 43°$$

作△ABC的高BD（见图92右）可得：

$$\sin C = \sin 43° = \frac{BD}{187}$$

图92　用三角函数求小岛之距

在本章第一节介绍了求正弦的方法，我们在此用这个方法求得sin43°=0.68，于是有：

$$BD = 187 \times 0.68 = 127$$

既然我们已经知道△ABD的一条直角边BD=127 m，于是有：

$$\angle A = 180° - (58° + 43°) = 79°$$

$$\angle ABD = 90° - 79° = 11°$$

$$\sin 11° = 0.19$$

因此 $\dfrac{AD}{AB} = 0.19$。

利用勾股定理可得：

$$AB^2 = BD^2 + AD^2$$

变量代换得：

$$AB^2 = 127^2 + (0.19AB)^2$$

求得$AB \approx 128$ m。

想要求AC的话也并不难，读者们肯定可以办到。

6. 湖宽

【题目】此刻在点C借助指南针确定AC线位于偏西21°处，BC则处在偏东22°，已知BC=68 m，AC=35 m，求湖宽AB（图93）。

【题解】△ABC中的$\angle ACB$=43°，BC=68m，AC=35m。过A点作△ABC的一条高AD（见图93右），根据已知条件我们得到$\sin 43° = \dfrac{AD}{AC} = 0.68$。

于是$\dfrac{AD}{AC} = 0.68$，那么AD=0.68×35=24 m。于是：

$$CD^2 = AC^2 - AD^2 = 35^2 - 24^2 = 649$$

求得CD=25.5 m，BD=BC-CD=68-25.5=42.5 m。

由△ABD我们得到：

$$AB^2 = AD^2 + BD^2 = 24^2 + 42.5^2 \approx 2\,382$$

求得$AB \approx 49$ m。

若是我们还想求出△ABC中其他两个角的度数，就要在算出AB之后计算出下式的值：

$$\sin B = \frac{AD}{AB} = \frac{24}{49} = 0.49$$

这么一来得到∠B=29°。

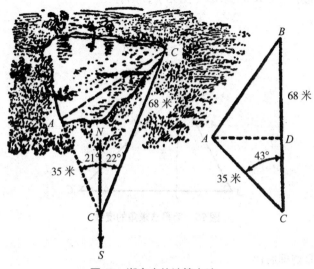

图93 湖宽度的计算方法

180°-29°-43°=108°，第三个角的度数便为108°。

当我们求（依靠两条边及其夹角）边长和角度值时，也许会出现下面的情况：要求解的角可能并非锐角而出现钝角的情形，比如倘若在△ABC内（见图94）为钝角的∠A和AB及AC边已知，于是，在求解其他要素时：过点B作△ABC的一条高BD，并测量△BDA中的BD和AD长；然后，在DA+AC已知的条件下，求出 $\dfrac{BD}{BC}$ 的值，不就得到BC与

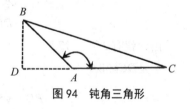

图94 钝角三角形

sinC了吗？

7. 三角地带

【题目】如果在旅行途中，我们借助步长量得了三角形地段的三条边分别长43步、60步及54步。这么一来，三个角的度数各为多少呢?

【题解】已知三角形的三条边长求三个角的度数的确复杂了些。不

过，我们还是可只用正弦而不借助其他的函数——解出角的度数的。

过 AC 边作 $\triangle ABC$ 的高 BD（图95），则有：

$$BD^2 = 43^2 - AD^2$$
$$BD^2 = 54^2 - DC^2$$

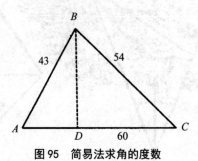

图 95 简易法求角的度数

经变形整理后得：

$$43^2 - AD^2 = 54^2 - DC^2$$
$$DC^2 - AD^2 = 54^2 - 43^2 = 1070$$

并且由于

$$DC^2 - AD^2 = (DC + AD)(DC - AD) = 60(DC - AD)$$

得出

$$DC - AD = 17.8$$
$$DC + AD = 60$$

由此就有 $2DC = 77.8$

于是 $DC=38.9$

$$BD = \sqrt{54^2 - 38.9^2} = 37.4$$

解得：

$$\sin A = \frac{BD}{AB} = \frac{37.4}{43} = 0.87$$
$$\angle A \approx 60°$$
$$\sin C = \frac{BD}{BC} = \frac{37.4}{54} = 0.69$$
$$\angle C \approx 44°$$

于是∠B=180°-（∠A+∠C）≈76°。

在这种情形之下，倘若我们运用函数表，依三角学的规则求解，计算出的角度值精确度可以达到分和秒。不过，很明显这些分秒是不正确的，这源于我们以步长测出的三角形的边长误差在2%到3%。那么，为了不自己骗自己，只需将求出的"精确值"转换成整的度数，这样才能获取我们依简化方法而求得的值，"旅行三角学"的用途才能显现出来。

8. 确定角度

为满足随时测量角度的需要，使用指南针、手指、火柴等都可以。但是在某些场合，需要你测的却是画在纸上的平面图或地图上的角度。

此时若是有量角器当然很好，不过，如果在外旅游没有量角器又该怎么办？其实这种状况下"几何学家"能应付自如。

【题目】已知图96中的∠AOB<180°，不用测量的办法，确定其度数。

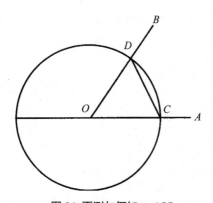

图 96 不测如何知∠AOB

【题解】在BO上任取一点，过这点作DC⊥OA，并测出Rt△DOC的三条边长，接着计算正弦值，然后计算出角度值，这是最简单的办法，然而题目中规定无法测量。

我们可按如下的方法求解该题：

由圆心O作随意角度的圆周。然后连接C和D，用圆规沿相同的方向不停地作CD的弦长，直至画到与点C重合为止。之后看一共绕了圆周几次，做了多少次弦长。

如果我们绕了圆周N次，看到了S次CD弦，那么要计算的角度就为：

$$\angle AOB = \frac{360° \times N}{S}$$

实际上，如果所求的角度含有x，总共看到了CD弦S次，那么就相当于x被放大了S次并绕行圆周N次，于是，要求的角便为360°×N，即x°×S＝360°×N；这样一来就有：

$$x = \frac{360° \times N}{S}$$

对图上这个角，N=3，S=20，因此，∠AOB=54°（可以用圆规检验一下）。假设缺少圆规，你就以大头针及纸条绘一个圆周，同时借助纸条替代弦长。

【练习】利用上文讲的方法，解答图95中各角度值。

第六章

天地连接处

1. 地平线

身处一望无垠的平地，你会突然发现你位于圆的圆心，圆周就是你目力所及的最大范围，它就是地平线。地平线很难具体圈定，你走向它时它就会向后退。尽管它不可靠近，但它确实存在，这既不是一种感觉，更不是幻觉。就各个观察点而言，从这个点看均有一定的范围，而且这个范围也很容易求得。为了搞清楚地平线与几何学的关系，可以观察一下可以展示部分地球的图97。测者身居点C，所处位置的地表高为CD。如果他位处平坦的地点能遥望多远？很显然，他能看见的最远处就是M点和N点。他的瞳孔在这两点和地表产生了交点，这两个点之外的地方已不在他的视力范围了。点M和点N（以及圆MEN上的其他点）为能看得见的那一部分的边界，地平线正是由这些点构成的，给测者以天穹依靠大地支撑之感，因为在这条线上他能望见天穹和地上的物体。

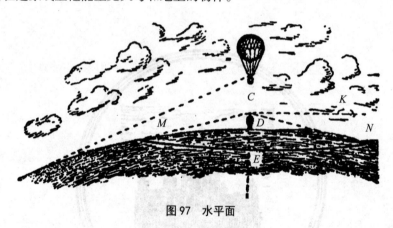

图 97　水平面

你也许认为图97未能向我们展示更为接近实际的画面：实际上，地平线和人的瞳孔位于相同的水平线，不过，从这张图上看，地平线位于比测者更低的位置上。长久以来，我们一直认为我们的眼睛和地平线位于同样的水平线上，我们甚至以为登山时地平线的高度也随之上升。事实证明我们错了，图97所展示的地平线始终处于低于人瞳孔的地方。不过CN与CM及过点C的垂直于地球半径的CK构成的角度（一般叫"地平俯角"）极小，所以，要得到这个角必须借助仪器的帮助。

还有一种颇有意思的情形。我们前面说过，人在地球上爬向高处时，比如乘坐飞机后，瞳孔依然和地平线位于同一高度，如同随着测者上升了。假设他到达了最高处，他会感觉飞机以下的地方跑到地平线下面去了，简而言之，地球表面就如同一个受限制的盘子，盘子的边沿便为地平线。关于这个问题，在一本幻想小说中有经典的描述和阐述：

"最让我感到惊讶的是我似乎觉得地球表面凹进去了，"他的小说主人公航空家说道，"我期待着在我乘气球升高的时候，将会看到它一定能鼓凸出来。经过一番思考，我找到了产生这一现象的原因。从我的气球向地球作垂线，构成了一个直角三角形的直角边，从这条垂直线至地平线的直线似乎就成了这个三角形的底边，地平线到我的气球这条线则成了三角形的斜边。不过，我所处的高度与视野相比就太微不足道了，换句话说，想象中的直角三角形底边和斜边比垂线大得多，几乎可以把它们视为平行线了。所以，处于气球下的每一个点都给人一种比地平线低的感觉，自然地球就像是'凹进去'了。当气球升高到你不再觉得三角形的底边和斜边是平行的时候，这种感觉也就没有了。"

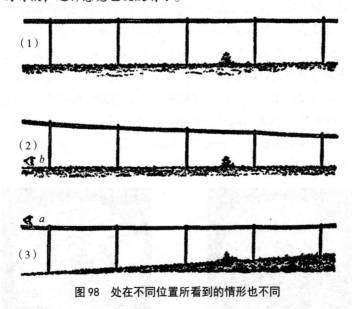

图98　处在不同位置所看到的情形也不同

下面我们以一个例子继续探讨这个问题。假设你的眼前矗立着一行电线杆如图98，你在电线杆底端水平面上的点b观测，于是此时这行电线杆如图98（2）。但如果在电线杆上端水平面上的点a观测，那么，这一行电线杆的样子就如图98（3），地平线仿佛上升了。

2. 地平线上的轮船

　　每当我们在海边或湖边发现了出现于地平线上的轮船，会觉得船似乎不在它的实际位置上（见图99），而是行驶在B点，换句话说，轮船位于海面凸出处与我们视线的切点。如果不借助工具的话，我们自然认为轮船在B点，而不在地平线之后较远处（第4章第2节曾介绍过小土丘影响目测结果，这里和那个例子如出一辙）。

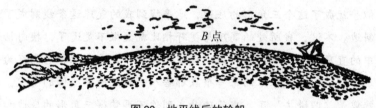

图99　地平线后的轮船

　　不过，如果用望远镜观测时，便会发现这其实是我们的视错觉。我们借助望远镜观测时，物体的远近不同，它们的清晰度也会不同：用调到观察远处的望远镜观察近处的物体，根本就看不清，反之，如果用调到观察近处的望远镜观察远处的物体，同样看不清。如果用一架倍数调到最大的望远镜看地平线的水面，会显得很清楚，但是再去看轮船的话，仅能看到轮船大体的轮廓，感觉船离望远镜很远（图100）。反之，如果将望远镜调成能看清一半船身位于地平线后轮船的大概的轮廓，地平线附近的水面就无法看清了（图101）。

图 100　借助望远镜观测到的水平面后面的轮船　　图 101　与图 100 相反的情况

3. 地平线的距离

地平线相距观测者有多远呢？换句话说，我们发现自己居于一个平原这个圆面的圆心时，就有想得知圆面半径大小的冲动。如果观测者眼睛距地面高度已知，那么，人到地平线的间距是多少？

如图102，这个问题其实就是求观测者视线同地面相切的切线CN的长度。我们学了几何学应该知道，切线的平方＝割线的外线段h×割线的长度，也就是乘以（$h+2R$），其中R为地球半径。原因是观测者的眼睛距地面高度和地球的直径$2R$比较起来实在太小，就算飞机飞到10 000 m的高空，飞机上的观测者瞳孔距地面高度也只有地球直径的千分之一，由此，我们不妨将$2R+h≈2R$。如此一来，公式就可变形为：

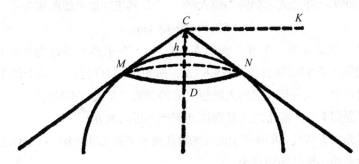

图 102　人与水平面的间距

$$CN^2 = 2hR$$

这就说明，用更加简单的公式求地平线间距是可行的：

设地球半径R（约为6 400 km，实际值为6 371 km），观测者瞳孔距地面高度h，于是地平线和测者之间的间距为$\sqrt{2hR}$。

因为$\sqrt{6\,400}=80$，那么，观测者和地平线间距就为$80\sqrt{2h}$，约为$113\sqrt{h}$。

这只是从几何角度解答的。假设我们想求得更精确的结果，就要把"大气折射"这个影响因素考虑进去。发生在大气中的光线折射会让求出的地平线间距增大$\frac{1}{15}$（平均值）。影响地平线距离的因素有不少，例如：

距离增大　　　　　　距离减小

高气压	低气压
靠近地面	位于高空
寒冷的季节	气候温和
早晨和傍晚	白昼
空气潮湿	空气干燥
海上	陆地上

【题目】位于平地上的人，最多可看到多远的地方？

【题解】如果成年人的瞳孔距地面的高度为1.6 m（0.001 6 km），那么设观测者和地平线间距 S，则有：

$$S = 113\sqrt{0.001\,6} \approx 4.52\ \text{km}$$

我们上文提到过，空间的空气易使射入地球的光线路径变形，于是地平线的间距比用公式求到的均值大6%。于是真正的地平线距离为：

$$4.52 \times 1.06 = 4.8\ \text{km}。$$

这一结果表明，中等个头的人（1.7 m）在平地上最远能看到4.8 km处。他能够看到的圆直径只有9.6 km，面积也仅为72 km^2。这个结果比起那些将草原写成一望无垠的人联想出来的景象可是太微不足道了。

【题目】在小船上的人从海面能望到多远的地方？

【题解】假设小船座位上的人的瞳孔跟水平面的间距为1 m（0.001 km），于是他和地平线的间距就为：

$$113\sqrt{0.001} = 3.58\ \text{km}$$

如果加上大气平均折射率则约为3.8 km。距离更远的物体，看得见的也仅是它们的上半部分，下半部分在地平线后面。

若是瞳孔的高度再小些，地平线的间距就会更小。例如，若瞳孔距海平面高0.5 m，那么观测者距离地平线也就只有约2.5 km。反之，若是站在更高的地方观测（如桅杆上），看到的地平线会更远些，比如若瞳孔距离地面4 m，观测者距地平线就将有约7 km。

【题目】位于平流气层的气球升至高点后观测者坐着吊篮观察，这时他与地平线有多远？

【题解】平流层的气球升至22 km的高空时，这时候，地平线和他所在位置的水平距离为：

$$113\sqrt{22} = 530 \text{ km}$$

加上大气折射的影响，最终结果为580 km。

【题目】飞机驾驶员想看到他周边50 km半径内的地面景色，他应该让飞机飞多高呢？

【题解】根据计算地平线间距的公式，我们可以得到下面的式子：

$$\sqrt{2hR} = 50$$

整理变形后求解得：

$$h = \frac{50^2}{2R} = \frac{2\,500}{12\,800} \approx 0.2 \text{ km}$$

飞机的飞行高度达到200 m即可。

为了让误差小些，我们用50 km减掉6%，得到的结果为47 km，由此，

$$h = \frac{47^2}{2R} = \frac{2\,200}{12\,800} \approx 0.17 \text{ km}$$

也就是说，飞行高度达到170 m时飞行员就能看到这么大的一片地区了。

在列宁山的顶峰矗立着世界上最大的教学和科研中心，即莫斯科大学20层高的主楼（图103）。它的最高点距莫斯科的地面200 m。

图103　图纸上的莫斯科大学主楼

因此，站在主楼最高的窗前望，方圆50 km的景色都可以尽收眼底。

4. 塔

【题目】大家都想知道观察者站立的高度和地平线距离的变动速度哪个更快些。人们都知道观察者的位置上升伴随着地平线距离的增大，很多人认为地平线距离变化更快些，果戈理也不例外，其论文《论当代的建筑》中曾有过这么一段：

城市中必须要有气势宏伟、规模庞大的高塔……然而，我们国家的塔高度通常仅能使位于上面的人望见一个城市，可是，一国之都必须起码能望见周围150俄里（1俄里=1.066 8 km）的高塔。为此，只要将高塔增加一两层，一切将会发生变化。随着高度的增加，人们的视野范围会得到不同寻常的扩大。

果真如此吗？

【题解】要想证明观察者的位置上升"地平线范围"快速递增的想法不正确，那么，仅用地平线公式就可以了，设观察者和地平线间距为S，则有：

$$S = \sqrt{2hR}$$

现实情况恰好与之相反，地平线的增速慢于人位置上升的速度，其同观测者瞳孔高度的平方根成正比。如果观察者的高度递增100倍，地平线间距将增大10倍。如果人的位置上升1 000倍，地平线的间距则增大31倍。"只要将高塔增加一两层，一切将会发生巨大变化"的想法是错误的。假设在8层上面再建2层，那么，地平线的间距递增$\sqrt{\dfrac{10}{8}}$，也就是增大至1.1倍，只增加了原有间距的10%。

这么小的变化常人不易察觉到。

至于盖一幢"起码能望见周围150俄里的高塔"的梦想，在现在的技术水平下没法落实。果戈理当时也许没考虑到，那样的塔需有很高的高度。我们看看下面的计算过程就会明白：

$$\sqrt{2hR} = 160$$

通过整理变形求解得：

$$h = \frac{160^2}{2R} = \frac{25\,600}{12\,800} = 2 \text{ km}$$

这个高度都跟山相差无几了。

5. 土丘山

说到果戈理犯的错，就顺便再说一句，普希金也有类似的错误，比如他的诗歌《吝啬骑士》中就有写从"骄人的山冈"看到远方地平线的句子：

皇帝站立山头，心旷神怡朝下望：

山谷间是白色的穹庐万帐，

海面上是竞发的小船千帆。

在第四章第5节我们就算过那"骄人"土丘的高度，确实非常小：拥有70万人军队的阿提拉采用让每个士兵人人抓把土的方式都没能把土丘聚成高过4.5 m的山。那么，我们眼下就来计算一下，身居这个小土丘的观测者能看见的地平线能延续多少千米？

该测者瞳孔与地面相距：

4.5+1.5=6 m

那么地平线的间距为：

$$\sqrt{2 \times 6\,400 \times 0.006} \approx 8.8 \text{ km}$$

于是土丘上的观察者看见的地平线距离比他站在地面上看到的地平线距离远4 km。

6. 交汇处

【题目】也许你无数次地看到铁路上的铁轨相交于一点。但是有没有见过两条铁轨相交产生的交点？能看到这样的交点吗？

【题解】回想一下，视力没有问题的人在观察物体时仅在视角为1′时，看到的物体就是一个点，也就是说和物体的间距为物体宽度的3 400倍。

两条铁轨间隔1.52 m，这就代表两条铁轨会在离我们1.52 × 3 400=5.2 km处出现"交点"。但是，在平坦些的地点，地平线的范围却要小于

5.2 km，仅为4.4 km。因此，视力没有问题的人，在平坦的地方观察不到铁轨的"交点"。不过，在下面的这些条件下还是能够观察到的：

（1）观测者的视觉敏锐度有所下降，于是在视角大于1′时，他看到的物体已经是一个点了；

（2）铁路线并非水平；

（3）人的瞳孔超出地面$\dfrac{5.2^2}{2R} = \dfrac{27}{12\,800} \approx 0.002\,1$ km，也就是210 cm。

7. 领航员与灯塔

【题目】海岸的灯塔高出水面40 m。如果领航员位于高出水面10 m的桅楼，当船行到距灯塔多远时才可以在船上看见灯光？

【题解】观察图104，这道题目的目的是求直线AC的长度，而它是由直线AB和BC一起形成的。

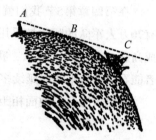

图104　灯塔和灯光及领航员

从高出水面40 m的灯塔上能看到的地平线距离是AB，自10 m高的桅楼领航员只能看到地平线上的BC处，那么，我们想知道的距离就为：

$$113\sqrt{0.04} + 113\sqrt{0.01} = 113 \times (0.2 + 0.1) = 34 \text{ km}$$

【题目】上题中的领航员如果位于距灯塔30 km处，那么，他能看到灯塔的哪个位置？

【题解】细看图104，得出步骤：第一步求出BC，第二步求出AB。当求出AB值后，我们就可求在地平线距离为AB时所能看见的灯塔部位了。具体的计算过程如下：

$$BC = 113\sqrt{0.01} = 11.3 \text{ km}$$

$$30 - 11.3 = 18.7 \text{ km}$$

设灯塔高H，则有：

$$H = \dfrac{18.7^2}{2R} = \dfrac{350}{12\,800} \approx 0.027$$

这就意味着，由相距灯塔30 km处仅能看见灯塔上部13 m的部位，灯塔的底部27 m的部分看不见。

8. 地平线和闪电

【题目】你的头顶上方1.5 km处有道闪电出现了。距你多少千米处的人同样能看到？

【题解】解这道题时，大家可参考图105先求出1.5 km处能看到的地平线距离。具体计算如下：

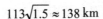

$$113\sqrt{1.5} \approx 138 \text{ km}$$

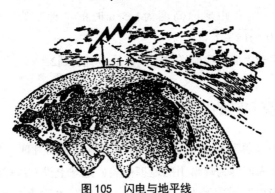

图105　闪电与地平线

若地形平缓，相距你138 km（算上6%的误差，大概为146 km）处的人就算是睡在地上也能看到那道闪电。因为有146 km的距离，因此他看到的闪电如同在地平线上。但是，声音传不了这么远，他只能看到闪电而无法听到雷声。

9. 地平线和帆船

【题目】如果你在海边或湖边看到了正驶向远方的帆船，它的桅杆超出海平面6 m。那么，在船和你相距多远时你才会发现它好像在沉没（位于地平线以下）？航行多远后就看不见了？

【题解】观察图99，当船行使至点B时感觉它在向下沉。如果观测者身材中等，那么B点位于地平线4.8 km处。在另外一个点你完全看不到帆船了，那个点距B点$113\sqrt{0.006}=8.8\,km$，由此可见，当你再也看不见船时，它距你4.8+8.8=13.6 km。

10. 月球与地平面

【题目】到目前为止，我们的计算都围绕着地球展开。如果某一天，观测者来到了一个陌生的星球，比如他突然到了月球，那么他能看见的最大距离是多少？

【题解】前面大家已知地平线距离为$\sqrt{2hR}$，这道题目也可以用这个公式求解，不过这里要将月球直径代入$2R$。月球的直径为3 500 km，于是设观测者瞳孔距地面高度为1.5 m时的"地平线"距离为S，则

$$S=\sqrt{3\,500\times0.0015}=2.3\,km。$$

所以在月球表面，我们举目眺望，最多就看到2.3 km。

11. 月亮和它的环形山

【题目】就算我们拿倍数小些的望远镜看观测月球，都能发现月球上存在大量被人们称为环形山的地理概貌，地球上没有这样的东西存在。"哥白尼环形山"面积最大，其外径达124 km，内径为90 km。它的最高处超出中间盆地1 500 m。如果你站在环形山的盆地，那么，你可不可以看到环形山的最高处呢？

【题解】要解答这道题目，首先就得求出由环形山的最高点也就是1.5 km高度处能看到的"地平线"距离。如果地点是月球，这个距离就为：

$$\sqrt{3\,500\times1.5}\approx23\,km$$

中等个头的观测者能看见的"地平线"距离与刚求得的结果相加，就可得出环形山位于观察者"地平线"以下的间距了，为23+2.3≈25 km。由于环形山的中心和环形山的边缘相距45 km，很显然从环形山的盆地根本就无法看到环形山的最顶端。唯一的办法是你上到中心山峰600 m的山坡上。

12. 木星表面

【题目】人们探得木星的直径是地球的10倍，那么能否求出木星"地平线"的距离？

【题解】假若木星表面较为平而坚实的话，那位于木星表面的人能看见的最远的地方便为：

$$\sqrt{11 \times 12\,800 \times 0.006} \approx 14.4 \text{ km}$$

13. 练习

一艘潜水艇上的潜望镜高出水面30 cm，那潜望镜能看到地平线上多远的地方？

飞行员要飞多高才能同时观赏到俄罗斯拉多加湖有210 km之遥的两岸风光？

要想在同一时间看到相距640 km的圣彼得堡和莫斯科，飞机要飞多高？

第七章

《鲁滨孙漂流记》涉及的几何知识

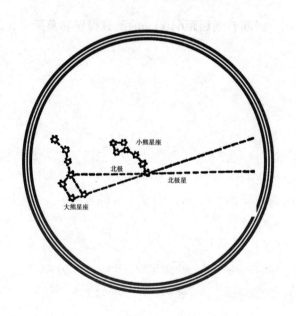

1. 晴朗夜空中的几何知识

浩空一片，繁星稠密，

繁星无数，浩空难探。

——罗蒙诺索夫

我自己都说不清是从什么时候开始一直向往着有个特别的人生，比如遇险船沉、意外逢生，等等。换个说法，就是我一直向往着鲁滨孙的奇遇。倘若我如愿的话，可能写出的书比朋友现在读的这本会更有意思，也有可能连大家读的这本书都写不出来。尽管我有当鲁滨孙的梦想，但终究没有实现，可是我并没有觉得懊恼。当我还很小的时候，我就认定自己是一个鲁滨孙，为此我执着地奋斗着。不过，在现实生活中，就算你是一个名不见经传的普通人，都应具备一些其他行业的人没有掌握的知识和技能。

我们来想象一下：一个不幸遭遇海难，船也沉入海底，逃生到了一个人烟罕至的岛屿的人，他首先该干什么呢？

毫无疑问，他首先要搞清楚的是自己的地理位置，即自己所在地点的经度和纬度。可是非常不幸的是我翻遍了所有关于鲁滨孙的故事书都很少涉及这些。甚至在《鲁滨孙漂流记》里关于这方面的内容也少之又少，只是作为注释，如：

在我那个小岛所处的纬度上（根据我的计算，是北纬9°22′）……

当时我正在为实现当一回鲁滨孙的梦想收集资料，看到这些只言片语我都有些泄气了。在我就要放下自己的梦想时，《神秘岛》不仅解答了我心中的疑惑，也让我重新拾起了梦想。

我没打算把诸位培养成鲁滨孙，但是，我觉得在下文中和大家探讨一下确定地理纬度的实用方法并不是多此一举，因为这个技能不光是对落难的人有用。世界上的一些国家有不可计数的、无法在地图上标明的居民点（有谁会成天带着标注细致的地图呢），由此朋友们难免会遇到需要确定地理纬度的问题。就是到了现在依然有很多小地方并没有在全国地图上标注，于是我们没必要为了做一回流落到未知地理位置的鲁滨孙而去海上转一圈。

其实要学会测定一个地方的经纬度并不难。如果大家有观察夜空的习惯就会知道，星星们移动时身后会留下运动后的轨迹，它是一条倾斜的圆弧，好似整个天空都在围绕着静止不动的倾斜轴线转动。其实我们自身正随着地球在运动，也就是围绕着地轴反方向旋转着并留下了自己的运动轨迹。在我们北半球的夜空，纹丝不动的那一点便是人们臆想中的地轴延长线支点，天文学上称之为"北天极"。它身处于北极星附近，离小熊星座也不算远，大家若是能找到北极星也就立马会看到北天极。倘若我们找到了北斗星也就是大熊星座的位置，找北极星就容易多了（见图106）：作途径大熊星座边缘的直线并一直延续，当延长线的长度与整个大熊星座的长度相当时，将能够找到北极星。

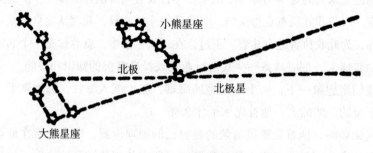

图106　北半球的星座

北极星是人们用于确定地理位置的第一个点，第二个点就是人们俗称的天顶，是天空中正对着我们头顶的点。换句话来讲，天顶是地球半径延长线的假想支点，地球半径正好通过你所处的位置。天顶与北极星在天空弧线上的角距和你与地球北极间的角距相同。也就是说倘若此时天顶和北极星之间的角距为30°，则你和地球北极的角距也为30°，那么赤道和你有60°的角距，也就是说你正位于北纬60°。

要确定一个地方的纬度，仅需要测到北极星和天顶之间的角距。而后用90°减去刚测得的角距即可。现实中，人们还通过其他办法来求纬度，比如因地平线与天顶的角距为90°，那么可以试着用该角距减掉天顶与北极星的角距，得到的值正好为地平线与北极星的角距。由此我们得到这么一条规律：某个地点的纬度正好为北极星在此地地平线上的高度。

既然大家知道了如何确定纬度，就可以在某个夜晚找到北极星然后测定它在地平线上的高度，得到你所在地点的纬度。倘若你需要更精确的地理位置即精确的纬度，首先要明确北极星并非完全与北天极重合，并且也并非一直静止。北极星在岿然不动的北天极周围转圈，时高时低，时左时右，不过它与北天极之间的距离一直不变。测量出北极星在最高位和最低位的距离后（在天文学上叫北极星的上下"中天"时段）求出平均值，这个平均值既是北天极的实际高度，同时也是你当时站立位置的纬度。

这样的话其实没必要非得用北极星来定位了：随便选一颗星，然后测得其在地平线上的最高位和最低位，平均一下就能得到北天极在地平线上的高度了。但是，你需要精确掌握你选定的那颗星在最高位及最低位的时段，这样一来事情就更为复杂了，毕竟一个夜晚是不可能测完需要测量的数据的。于是人们就习惯性地用北天极来定位了，得到的数据只能是近似值。不过由于北天极和北极星相距并不是特别远，因此这些误差也就忽略不计了。

这些都是在北半球时的情况，假若我们到了南半球，其实和在北半球差不多：在南半球需要确定的当然不是北天极而是南天极的纬度。很不幸，南天极周围并无北极星那样闪亮的星体。南天极虽说有耀眼的南十字星座，不过它离南天极却很遥远。倘若我们欲借助该星座内的星体求得纬度，我们就得先测量那个星体在地平线上的最大高度和最小高度，求出它们的平均值。

2. 林肯岛的纬度

一则短篇小说《少年水手》中的主人公在测无名岛的纬度时，就依赖于南十字星座里的星体。

大家不妨读读该小说，里面测纬度的具体步骤使我受益匪浅。通过阅读小说也能让我们知道，鲁滨孙的后继者们不用量角器具或仪器同样可以破解这个困局。

那个时候刚好是夜里20：00，月亮还没有出现，不过地平线周围已经一片亮光，将其称作月亮的霞光并不为过。南半球的夜空群星璀璨，有名的南十字星座也在其中，工程师已经盯着它看了好半天了。

"哈伯特，"他略加思索后说，"是4月15日吗？"

"对。"年轻人答道。

　　"哦，如果我的记忆没出问题的话，那么明日便为365天中实际时间和平均时间一致的四天内的一天。按我们常用的钟表计时法，明日太阳移动至子午线的时段应该是正午。假若天公作美，明天我们就能知道这个岛的经度了。"

　　"可是，我们没有任何测量工具……"

　　如果工程师手里有六分仪的话，确定岛的经纬度并没有问题，他可以很快测得南天极在地平线上的高度，明日太阳过子午线的时段再测得小岛的经纬度，也就是小岛的地理坐标。不幸的是在小岛上没有六分仪，只好找其他的东西取代它。

　　工程师来到附近的一个山洞，靠着篝火的微光，锯下了两根方形的木条，他连接木条的一端使其成了一个简易圆规，圆规的两条腿可自如张合。更奇的是圆规的合页，由工程师自火堆边上的枯枝中寻觅的刺槐树的树刺制成。

　　制作好测量仪器，工程师再次来到海岸。他要测出南极与地平线或者说海平面的间距。为了方便测量，他登上了眺望岗，计算的时候该眺望岗与海平面的距离也要算进去。但是他不打算现在就测眺望岗在海平面的高度，他计划第二天完成该项工作。

　　在月光的普照下，地平线的轮廓清晰极了，很有利于测量工作的完成。此时南十字星座倒悬于苍穹：α星位于南十字星座的底部，和南极的距离最短。

　　实际上，南十字星座相对于南极不如北极星和北极那么近。α星在南极27°。这点工程师心里很清楚，他知道这个距离也应计入计算式中。此刻他正期待着该星穿越子午线那刻的到来——那样的话可使他的测量工作变得相对容易些。

　　工程师把圆规的一条腿按水平方向摆好，另一条腿指向南十字星座中的α星。这意味着，α星在地平线上的角距就有了。为使这一角度不变，工程师用槐树刺把另外一根木条横向交叉固定于圆规的两条腿上。这样一来圆规的形状就固定下来了。

　　工程师把地平线的高也计入了测量结果之内，测量时还要想到海平面的下降，为此就很有必要测出眺望岗底下山岩（这源于工程师测量时不是在地平面上而是爬到了山岩上，因此由观察者瞳孔至海平面周边的直线，就不可能和地球半径的垂线位于同一条直线上，相反，却与其之间出现夹角。不过，由于该角度微乎其微，可不计入算式，100 m的高度时它才为一度的三分之一，所以工程师，不，准确来说应是儒勒·凡尔纳觉得不必为这么小的数据而去修正计算式而让运算变得更为繁复）在地平线上的高度，其余的就是如何计算角度值的问题了。该角度可反映α星在海平面的高度，但工程师可据此得知南极在地平线上的高度，或者说小岛的纬度，原因是地球那一极在海平面上的高度与地球上任意一个地方的纬度一致。工程师计划明天再展开运算工作。

在第一章，我们讲过如何测量山岩高度，在此我们就不赘述了，继续看工程师接下来都干了些什么。

工程师带着自制的圆规。这具圆规是他昨日刚制作的，已经用它测出了α星和地平线的夹角。他把一个圆等分成了360份，然后认真地测定了南十字星座和海平面形成的角距，为10°。于是工程师就得到了南极在地平线上的高度——南十字星座底部的α星与南极的角距27°加刚得到的10°，接着加上山岩的高。但是，首先得将它转换成在海平面上的高度，经过计算为37°。由此工程师确定小岛也就是林肯岛在南纬37°的地方，如果将误差考虑进去的话，应该在南纬35°~40°。

剩下的就是测小岛的经度了。工程师盘算着在太阳过子午线的那个正午测经度。

3. 林肯岛的经度

"但是，史密斯什么测量工具都没有，他如何知道太阳过林肯岛上子午线的时间呢？"这个问题一直困扰着哈伯特。

史密斯先生把一切准备工作都做好了，在大海边找了块较为干净的地方，把一根6英尺的木杆插进了地里。直到此时，哈伯特才看出了史密斯先生确定太阳过林肯岛子午线时间的方法，也就是确定小岛时间的方法。史密斯打算依靠木杆在沙滩上的映射判断正午的时间。这个方法存在误差是难以避免的，但是，在当时的条件下，这样的测量结果已经让人很欣慰了。

当木杆在地上的投影最短时也就是小岛的午时了，于是测量的关键就是认真观察木杆的投影变化，抓住木杆投影不再收缩而是逐渐拉长的一刹那。那一刻，木杆投影的功能和表盘上的时针相似。

按照史密斯的运算结果，适合观察的时刻一到，他双膝着地，把一些木橛插入泥土，在为木杆缩短的投影做标记。

哈伯特手里拿着一块表，打算记录木杆影子缩至最短的那个时刻。当天为4月16日，恰好是一年之中实际中午和平均中午一致的一天，于是，哈伯特用自己的手表见证的那个时刻，会依照美国首府华盛顿（他们是从那里启程的）子午线时间调整，目的是为了保持一致。

太阳在随地球运动，木杆的映射在逐渐变短。突然，史密斯先生看到木杆的投影正在拉长，他赶紧问：

"几点了？"

"5点01。"哈伯特赶忙回答。

至此测量工作就结束了。其余的就是计算结果了。

经运算证明，华盛顿与林肯岛两地有近5小时的时差，也就是说当小岛是正午的时候，美国华盛顿都差不多快晚上（傍晚17：00）了。太阳绕着地球旋转一昼夜的过程中，每转1°耗时4分钟，旋转15°费时1小时。那么，就有15×5=75°，意即太阳由小岛旋转至华盛顿需要5个小时，转动的度数为75°。由于美国首都华盛顿位于格林尼治子午线（世界公认的本初子午线）以西77°3′11″的经线上，于是小岛大致在西经152°处。

如果把误差考虑进去的话，那么，可以肯定的是，林肯岛大概地处南纬35°～40°与西经150°～155°之间。

其实，测量经度的方法不止这一种，每种方法都各有千秋。小说家儒勒·凡尔纳笔下的人物所使用的方法——时序测量法，仅是诸多方法中的一种而已。另外测量纬度的方法也数不胜数，而且测出的精确度远比我们这里介绍的方法高。除此之外，这种方法并不适宜用在航海方面。

第八章

黑暗中的几何学

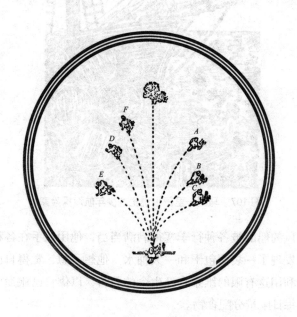

1. 底舱的小数学家

我们前面讲了几何学在旷野及海洋方面的应用，下面我们将要带大家到一艘巨型木质轮船的船舱，来认识一个在窄小而拥堵的漆黑底舱中钻研几何学的小男孩。在一本小说里，作者马因·里德描述了一位颇爱随轮船到处冒险却又贫苦的少年（见图107），由于没有买船票的钱，他只好蹭船旅行——趁没有人注意时瞧瞧钻进一艘自己都叫不上名字的轮船底舱，能不被发现而随船旅行是他的幸运，在这种情况下他还有心研究几何学，真是难得。

图 107　马因·里德小说里的少年航海探险家

密不透风的船舱被各种行李塞得满满当当，他用双手在各种包裹间摸索着，居然发现了一袋面包干和一大桶水。他想了想，觉得自己应该竭尽所能地充分利用这有限的维系自己生命的养料，以供自己旅途中的食用。于是他打算每日限量分配食物。

平均分配面包干容易，问题是水的总量无法确定，该如何确定自己每日的用水量呢？这个问题让小男孩很费神。现在我们就一起看一下他是如何确定的。

2. 水桶的容积

马因·里德是这样描写少年航海家怎样考虑测量水桶容积的：

我要为自己的整个航程着想，需要知道自己每天喝多少水。为了这个目的我首先得搞清楚桶里共有多少水，然后按整个航程平均分配。这时我想起我在读乡村小学时老师教的一些几何学初步知识，比如立方体、角锥体、圆柱体、球体等的相关知识。通过回忆这些知识，我发现可以将装水的大桶看作两个截圆锥体，只是这两个大截圆锥体共用一个截面而已。

要求得我面前的大桶的容积，首先就得测出它的高，仅测一半也行，以及桶底和桶中间部分的圆周长，一旦测到这三个数据，我自然就能求出面前这个大桶的容量。

接下来就得设法测这个大桶的桶高及底部和中间部位的圆周之长，可是问题就出在这里，让我感觉很棘手。

如何测、拿什么测呢？水桶的高在我看来并不费事，它就在我面前。可是要说到测桶的圆周我就有点犯难了，因为我无法接近它。我太矮小，这个桶对我而言算得上是庞然大物了，我惦着脚尖都够不到桶的顶部。除此之外，这个桶还被各种行李包围着，根本难以靠近。

更为不幸的是，我没有尺子，甚至连绳子都没有，这些都是测量的必须工具。那么我该如何得到我所需要的数据呢？在我没想出别的办法以前，我想我不会改变自己的想法。

3. 以木条为测具

看看这篇小说里小男孩所面对的几何难题：

当我用心思考如何测量水桶时，我的思路突然清晰起来，我意识到我应该从自己最缺而又最需要的东西入手。后来我发现只要我手里有根能穿越木桶中间部位的木条之类的东西就能完成测量工具了。那时候只要我将木条放进木桶直至它抵住同一条直线上的另一边的桶的内壁，那么桶的直线长度不就有了吗？然后将木条接到为其现在长度的2倍，就有了水桶圆周长了。当然这样会出现一些误差，不过精确度对于解决我目前面临的难题而言在可接受范围内。为了饮水方便我已在桶上钻了洞，幸运的是那个洞正好就位于桶的最宽处。于是，一旦找到木条，我仅需把木条由那个洞插进去顶到桶对面的内壁，我就获得桶的直径了。

可问题是我到哪里去寻找木条呢？

我最终打算就地取材——就用放面包干的木箱上的木板来测量，于是我就开始动手拆了。不过说句心里话，木板只有60 cm，但是木桶最大的部位却是木板长的一倍。其实这也不算什么困难，只要找到三根木条就行了，我可以把三根接到一起，满足测量工作的需要。

我按木板纹路将其分割好，接着制作出了三根光滑的木条。新的难题又出现了，我该如何将它们接起来呢？这时候我想到了我皮鞋上的鞋带，鞋带接近1 m。等到把三根木条连接好，我就差不多拥有一个1 m长的测量工具了。

正当我打算测量的时候，新的问题却又出现了：我不能把木杆塞到桶内。舱内的空间有限，并且不能把木杆折弯，因为我生怕折断了木杆，影响我的测量工作。

不过，我想出了解决的办法。我解开了捆绑木杆的鞋带，先拿起一根伸到桶里，接着又把第二根的前端与第一根留在桶外的部分绑在了一起，继续往桶里塞，然后将第三根再接上去。

我拿木杆朝着和桶上的洞位于同一条直线的对面桶壁塞过去，又在桶外于木杆和桶外量表同高处做上了标记。如此一来，去除桶的厚度，我就获得了我需要的测量数据了。

我采用相同的方法取出了木杆，当然我也没忘记登记三根木杆的接连位置，这是为了还原木杆在桶内的长度，毕竟一不小心就会人为制造误差。

最终我获得了截圆锥体下底面的直径。这个时候首要的工作是求出桶底的直线长度，因为它同时又是另一个截圆锥体的上底面。于是我用木杆抵住与桶这边相对应的另一点上，登记了测量结果。这一过程用时不到一分钟。

完成这几步，剩下的就是测量桶的高度了。有人认为这实在太简单，让木杆垂立于桶前，然后在木杆上标记一下就可以了。然而，我所在的船舱伸手不见五指，即使像所想的那样将木杆竖在桶前。也无法看见木桶的上底面究竟在木杆的哪个位置。我的一切行动都是靠着摸索进行的，同样地，我也只能用手摸的办法确定桶的上底及其和木杆上相对应的那点。不过木杆在桶边会发生转向、倾斜的状况。这么一来，误差就更大了。

我冥思苦想终于找到了解决的途径。我仅将两根木条绑在了一起，另一根则放到桶的上底面，超出桶沿30 cm～40 cm，使这两根木杆互相垂直相贴，构造出90°的角。于是那根长木杆与桶的高度就是平行的。我顺手在桶最粗的部位做了标记。这样一来去除桶壁的厚度，就得到了桶的一半高度，也就是截圆锥体的高。

到了这一步，我基本上得到了我计算所需的数据了。

4. 其余的工作

我接下来将桶的容积用立方单位表示了出来，而后利用两者之间的换算关系将其转换成加仑[1]。以上这些运算都不是很难，我根本就不发愁。其实，我手里根本就不存在用于计算的文具，再说即使有我也没法用，我眼前每天都漆黑一团。不过我以前就经常不用纸笔算题，基本上靠心算。况且摆在我面前的数字又都不是很大，因此，算起来还算得心应手。

不过，我还是碰到了棘手的问题。我获得了三组数据：桶高、截圆锥体的两底面直线长度，但是，这些数据的具体数值我暂时还没有。在开始运算前，我得想方设法得到它们的具体值。

起初，我认为这个难题无法解决。我身边没有一个测量工具帮我忙，看来我只有将其抛到一边了。

正当我灰心时，我忽然记起，在码头我曾经量过身高，是四英尺。它对于解决我目前的难题用处巨大，只要我将这个尺码在木杆上标记，木杆就是一把尺子了，我需要的数据也就都能测量出来了。

第一步，将我的身高在木杆上标记出来。为了这个目的，我笔直地站在地板上，让木杆的一头和我的脚对齐，又让另一头和我的额头对齐。我用一只手按住木杆，用另一只手在木杆上和我额头正对着的那点做了标记。

新的难题再次出现。倘若在木杆上不标示如英寸这样的小单位，只有四英尺这样的大单位对于获得我需要的具体数值也毫无用处。等分四英尺

---

[1] 加仑是英制容积计量单位，1加仑=277立方英寸 ≈ 4.5升。1加仑=4夸脱，1夸脱=2品脱。

为4份并在木杆上标记，在人们的想象中好像不困难。另外从理论上讲也不难，但是付诸行动就没那么容易了，何况我是在黑乎乎的底舱，于是这项工作就变得复杂、难起来了。

怎么才能确定四英尺的中点呢？怎么两等分木杆呢？如何12等分每英尺呢？

首先我制作好了一根两英尺左右的木条，并将其与标有四英尺刻度的木杆做了比较，确定两英尺的木条的两倍长于四英尺。我将木条截去了一段，依次截了五次，才如我所愿，木条两倍后正好是四英尺。

虽然这项工作用去我很长时光。但是，我现在有的是时间，并且为用做这些事填充自己的时间而感到快乐。接下来，我悟出了精减工作的好方法：舍弃木杆改用鞋带，因为鞋带易于折叠。看来鞋带的另一用处被我发掘出来了。我将两根鞋带系好，之后剪下一英尺长的一段。工作进行到这里，就是反复将鞋带二等分，非常简单。再下去就是三等分了，这个有些难度，不过还在我能应付的范围内。不久，我制作好了均长为4英寸的三段鞋带。其余的工作就是反复对折鞋带，直至达到一英寸。

前面缺少的东西现已备齐，我能在木杆上标出英寸的刻度了。一段段鞋带被我作为量尺固定在木杆上了，我还制作了48个代表英寸的标记。如此一来，我就制作好了一把最小单位长度为1英寸的尺子，在它的帮助下我就能知道计算桶容积的具体数据了。到了这一步，我就能解答出对我而言异常重要的几何难题了。

我立马投入运算工作之中。首先我用我制作的尺子量出了两个桶底面的直线长度，求出了平均值，而后，计算出了和这个平均直线长度相对应的面积。这意味着，我获得了一个圆柱体底面的面积。将求出的底面面积与高相乘，我就得出了以立方英寸为单位的大桶容积。

用已求出的桶容积除以69（1夸脱中含有69立方英寸），就知道桶里有多少夸脱的水了。

其实这个桶内大概存有一百多加仑的水，精确数字应为108加仑。

5. 验算

熟练掌握了几何学知识的读者朋友应该早就看出小说里的小男孩用于求

解两个截圆锥体体积的方法不太可靠。如图108所示，设桶上两个较细部分的底面半径为r，桶最粗部位的底面半径为R，桶高为H，也即为各个截圆锥体高度的两倍，这样一来，小男孩得到的木桶容量就可用这个公式表示：

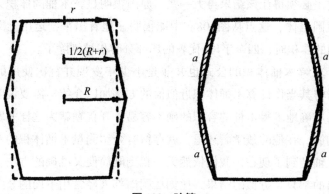

图108 验算

$$\pi(\frac{R+r}{2})^2 H = \frac{\pi H}{4}(R^2 + r^2 + 2rR)$$

即借助截圆锥体的体积公式，以下面的这个式子计算木桶的容量：

$$\frac{\pi H}{3}(R^2 + r^2 + rR)$$

以上两个式子不等，很显然，后面的式子超出前面式子一个

$$\frac{\pi H}{12}(R-r)^2。$$

精通代数的人认为：$\frac{\pi H}{12}(R-r)^2$ 计算出的值是正的，也就是说小男孩求得的结果小于木桶的真实容量。假如能确切地获知到底小了多少，也是一件很有意义的事。根据一般的木桶设计，其最粗处通常大于底面直线长度的 $\frac{1}{5}$，也就是 $R-r=\frac{R}{5}$。假设作者笔下的木桶也是这样子的，我们就不难求得两个截圆锥体的理论容量同真实体积的差异：

$$\frac{\pi H}{12}(R-r)^2 = \frac{\pi H}{12}(\frac{R}{5})^2 = \frac{\pi H R^2}{300}$$

近似取π为3，则即在 $\frac{H R^2}{100}$ 左右。由此我们不难发现，小男孩的计算误

差约为一个底面半径等于木桶最大截面半径、高为木桶高 $\dfrac{1}{300}$ 的圆柱体的体积。

不过，必须得让该结果再大一些，原因很明显，木桶的体积大于两个重叠的截圆锥体，这点从图108右中能很明显地看出来：运用上文的测量方法测桶的体积时，四个字母 a 代表的那部分容积被刨除了。

这个求解木桶体积的公式也并非是小少年发现并首次使用的，初级几何教材将其当作计算木桶体积近似值的方法加以介绍。需要说明的是，想完整而准确地求得木桶的容积的确不容易，开普勒就为这样的题目颇费了不少脑筋。在他的数学著述里，就存留有介绍测量木桶体积的专著。但是，时光轴转到了现在，我们依然无法找到既简便又准确的方法。目前的方法求出的都只是近似的结果，比如法国南部人经常用下面的公式求解木桶的容积：设木桶体积为 V，则有 $V = 3.2HrR$。经实践的长期检验，它还是较为实用的。

探讨以下的话题也非常有意义：设计师为何要将木桶设计成不易测量的两侧凸出的形状？制作成真正的圆柱体不是要省好多事吗？其实真正的圆柱体桶在现实中有不少，只是都并非木质，而是用金属加工的（如煤油桶）。这样就出现了一个问题。

【题目】为何要将木桶制作成两侧鼓出的样子呢？这样的形状对人们有何益处呢？

【题解】因为这种样子的桶只需借助简单的方法就能让桶箍紧紧箍在桶上，并且这些桶箍能在锤子的击打下，最大限度地贴近桶的凸出部分。如此一来，镶拼的桶板就被桶箍箍得非常结实，木桶也变得非常牢靠。

相同的缘由，用木材加工的桶、木盆等常常不是圆柱形，而且截圆锥体状：这样就能让两侧鼓肚的生活用品被箍得很牢固，见图109。

在这里，我们向大家介绍开普勒

图109　工匠正在钉桶箍

所著的一些研究木桶的专著，并且讨论其中的内容。在观测行星运动的第二、第三定律期间，他同时也注意到了木桶形状的问题，并以该问题为研究选题，作了一篇名为《酒桶的立体几何学》的论文。论文的开头是这么写的：

　　酒桶的制作根据材料、要求和用途，采用了与圆锥体和圆柱体近似的圆的形状。长时间保存在金属容器里的液体会因铁锈而变质；玻璃和陶制容器的尺寸又不够大，并且也不结实；石制容器过重，不适合装液体。那么，只好用木质容器盛装和保存酒了。用整个树干掏挖出容量和数量都合乎需要的酒桶是不可能的，即便有这种可能，这样的酒桶也会很快干裂，所以，木桶必须用一片片的木条镶拼而成。为避免液体从木条间的缝隙渗漏出来，既不能借助任何材料，也不能用别的方法，只能用桶箍把桶箍得紧紧地。

　　如果能用木板拼成一个球体的容器当然是最理想的。不过，把木板箍成完全的球体是不可能的，因此只好考虑圆柱体，但这个圆柱体必须是不十分标准的圆柱体。因为，假如木桶不采取从桶的"肚子"向两个底面方向收缩的圆锥体的形状，万一桶箍松动了，它们就报废了，而且也无法再把它们箍紧。而具有这样形状的木桶既便于汲取里面的液体，又适用于大车运送，而且由于它是由在一个共同的底面上的彼此相像的两半部分组成的，因而便于滚动，样子也很美观。

　　不要认为该篇论文仅为这位天才在数学方面的偶尔的小发现或休闲方式，它可是严谨的学术研究论文。也正是他第一次将无穷小数同微积分原理介绍到了几何学中。酒桶容积和测量的问题吸引着这位天文学家在数学方面的深究和严密的思索（有兴趣的读者可参阅1935年的《酒桶的立体几何学》）。

6. 黑暗与方位感

　　前文中提到，《少年水手》里的小男孩在伸手不见五指的船舱中生活，克服重重困难解决了关乎自己生活的几何难题。一般人要是遇到他那样的环境，连东南西北都分不清了，更谈不上开展测量与计算工作了。这篇短篇小说的作者和马克·吐温都是美国人，但是马克·吐温在黑暗中的表现却截然相反：这位作家半夜醒来居然在没有光线的房间里转悠了一夜。这个故事说明，若不细致了解周边的环境，就算是在一间再普通不过的房间内，失去照明的话也无法分清屋内的物品的摆放位置。我们选取了他著作中的一段：

我睡着睡着，突然醒了，觉得很渴。我大脑里闪过一个念头：穿戴好，上花园转转，顺便在喷泉那儿洗个脸。

我蹑手蹑脚地起床找自己的衣服。我先是摸到了一只袜子，但是另一只是在哪里发现的，我不记得了。我悄悄下了床，慢慢摸，却什么也没发现。我靠着摸索扩大着搜索的范围，匍匐向前，越来越远，还是没见到袜子的踪影，自己却撞到家具了。我明明记得我休息时，屋里的家具并不算多；但是此时，房间里却出现了好多家具，特别是椅子，好像满地都是椅子，就像是在我睡觉的时候又住进了两个人。漆黑一团的屋里，我看不见任何一张椅子，不过，我的脑袋却一直和椅子发生着"亲密接触"。

我想清楚了，少穿一只袜子关系不大。于是我起身了，往我觉得是门的那边走，却见到了镜子里的自己。

很明显，我辨不清方向了，我在哪里，我根本就不清楚。假如房间只有一面镜子的话，借助它我就有可能分清东南西北，可是却偏偏有两面镜子，这样一来我就如同面对着一千面镜子。

我顺着墙边想要到达门口。我继续着我新的尝试——但不知怎么竟将墙上的一张画给整了下来。画虽说不是很大，不过它落地时发出的声响绝不亚于一张巨幅的画。还好没吵醒加里斯（我的同室），可是我意识到，如果我继续这么摸索下去，肯定会把他给弄醒。我打算换个路线，想返回到圆桌跟前，打算从那里回到床边。假如能回到床边，就会发现装水的瓶子，我就可以喝水解渴了。我觉得最好的办法是匍匐，我有过体验，知道它很可靠。

我找到了桌子——它撞到了我的头，撞击后发出很大的声音。这样一来，我再次起身，为了达到平衡我朝前张开双臂，撑开十指，小心翼翼慢行。我发现了一把椅子，后来又摸到了墙。再次和椅子相遇，并摸索到了沙发跟前，发现了我的手杖。之后我再次和沙发相遇。我感到非常困惑，因为我明明记得屋里只有一个沙发。再之后我再次和圆桌相遇了，撞到圆桌之后又撞到了一排椅子。

我突然想起这里的桌子是圆的，无法为我指明我前进的道路。我想碰碰运气，于是走向沙发与椅子的空隙，但是，我来到了一个非常陌生的环境，不但将壁炉上的蜡烛台弄得掉了下去，还将台灯打翻到了地上，把玻璃水瓶也碰了下去。

"呵呵，"我心说，"我终于找到你了——玻璃水瓶！"

"抓贼了！有人抢东西了！"加里斯拼命大喊。

整个旅馆都沸腾了。经理、客人和服务员点着蜡烛、拎着灯挤了进来。这时借着光线，我才看清自己居然跑到加里斯的床边来了。顺墙摆放着一个沙发，可以接触到的椅子也就一把。我一晚上都环绕椅子在转圈，又如同彗星般，不断和椅子发生着撞击。

后来我步测了一下，发现我在那天晚上大概走了47英里（1英里约合1.6千米）。

这个故事的末尾有些夸张，毕竟几个小时不可能走47英里。但是，其他地方的描写却非常真实，惟妙惟肖地再现了马克·吐温在黑暗中的狼狈相。任何人在陌生的环境里如果失去光都会发生这样的事。因此，我们不得不佩服《少年水手》中小男孩的环境适应能力和他的机智、冷静，他在黑暗而狭窄的、被各种包裹堵塞得水泄不通的轮船底舱能够分清东南西北，还能合理地安排自己的生活并求解几何难题。

7. 原地转圈

大名鼎鼎的美国幽默作家马克·吐温在伸手不见五指的旅馆房间兜了一夜圈的事，向我们展示了一种奇怪的现象：人们在被遮挡住眼睛的情况下就会失去方向感，行进的路线将不再是直线，而是偏向一边的曲线。不过这一点人们是意识不到的，只会认为自己在直行（见图110）。

许多年以前有人就观察到，失去了指南针的旅行家在风雪中或大雾时的荒

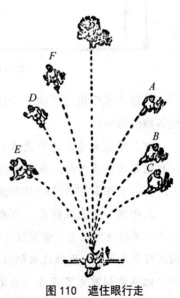

图 110　遮住眼行走

野戈壁行走时会出错。他们在这种情况下无法走直线，而是会走圆形，每次都返回到相同的地方。这个时候，行路的人走出的圆半径一般在60 m ~ 100 m，且速度越快，圆的半径就越小，走偏的情况越严重。

人们还专门通过实验来探究步行者不沿直线走而偏离的现象。以下讲的就是这种实验中的一个例子：

100名未来的飞行员在平坦的绿色机场上列队完毕。他们的眼睛都被蒙了起来，然后要求他们照直向前走。一开始，他们走得很直，后来，一些人向右偏，另一些人向左偏。再后来，他们渐渐地开始转起了圈子来。

很多人应该都知道威尼斯圣马尔广场的那次实验。遮住了一些人的眼睛并让他们从广场对面的教堂一端步行至教堂正面。这一段也就175 m的距离，但没有一个人走到教堂的正面（宽82 m），他们全部都走偏了。他们移动的轨迹呈弧形，都碰到了侧面的柱子（见图111）。

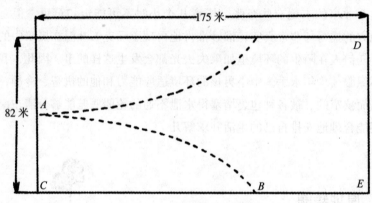

图111　广场实验示意图

一篇小说中也写了这么个例子，是一群旅行的人在人烟罕至的雪原原地转圈的情形：

"大家过来看，这不是我们的脚印吗？"博士惊讶地叫起来，"大雾让我们无法辨清方向，我们又转回来了……"

另一个作家在自己的书中也描述了失去方向感后重蹈覆辙的情形：

瓦西里·安德烈伊奇一边鞭打一边脚踢，策马向着自认为是树林和护林员小屋的地方而去。雪蒙住了他的双目，肆虐的风想要让他停下，可是他向前弯着身子，一再拽过衣襟往身体下冰凉的辕枕间塞，快马加鞭地向前。

他感觉朝前走了五分钟左右，但是除了马头与白茫茫的原野，其他的都看不到，除了风在自己的皮衣领边和马耳边的呼啸声，其他的都听不到。

突然，前面出现了一簇黑乎乎的物体。他兴奋得心都在狂跳，仿佛看到了村子中房子外面的墙。不过这团黑乎乎的东西并非纹丝不动，而是在随风摇曳着。它不是村落，分明是田埂上的蒿草，自雪中冒出脑袋，在暴风中打战，狂风将它刮向一边，"呜呜"地叫个不停。狂风蹂躏着蒿草的情景，不知何故让安德烈伊奇很震撼。他策马近前，却没意识到在他去蒿草附近时他已经偏离了原来的方向，早已南辕北辙，自己却还以为正在向着护林员小屋赶去。

前方又冒出些黑乎乎的东西。他再次欢喜起来，憧憬着出现的是哪个村落。哪曾想这也是田埂上的一蓬蒿草，在狂风的肆虐下发抖。安德烈伊奇慌乱起来了，蒿草跟前有被雪覆盖了一些、已经不太清晰的马蹄印。安德烈伊奇从马上下来，低头查看，果然是落上雪花的马蹄印，其他人留下的可能性不大，唯一的解释就是他曾经来过这里。很明显他在原地转圈，范围也不是很大。

1896年，挪威生理学者古德贝克对蒙眼转圈的现象进行了探究，而且收集了一些验证过的类似真实案例。我们给大家介绍两个例子：

三位值班人员计划在一个刮着风下着雪的晚上走出岗棚，从4 km宽的山谷出去回家。图上虚线标注的走向就是他们的家（图112）。在回家的路上，他们在毫不知情的情况下走到了右边，并顺着箭头的指向一直在走。在走了一段路程后，他们按照时间推算，觉得该到家了，但他们却返回了岗棚。这意味着，他们得再次离开岗棚。这一次他们走偏得更厉害了，他们第二次回到了岗棚。这种状况接连出现。

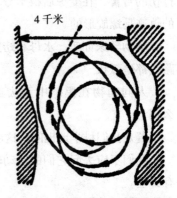

图112　三位山谷迷路者的行走轨迹

他们不得不走第五次——可是结局仍然和前四次一样。转了五圈后他们迫不得已打消了原先的计划，只能等天亮后再说了。

在周围一团黑、天空没有星星月亮的深夜或者大雾天气，想在海面上让船直线航行的确是难上加难。我们给大家介绍诸多例子中的一个：在一个大雾天气，一些划船的人计划横渡宽度为4 km的海峡。他们曾经有两次非常接近对岸，但是却没有靠岸，而是偏离原来的航线在海面转了两个圈，最后发现靠岸的地点正是起航的地方，见图113。

图 113　大雾弥漫时于海上的行船路线

　　一些动物也会发生原地转圈的情形。据极地探险家说，大雪天气，拉雪橇的动物也会在荒原上转圈。如果用一块很厚的黑布绑在狗的眼睛上，而后让他们游泳，它们也会在水里转圈。瞎眼的鸟儿也会在高空转圈，被打伤的野兽，在受惊后根本分不清东南西北，逃命时走的并非直线，运动的轨迹是螺旋形的。

　　动物学家证实，水母和螃蟹及蝌蚪，还有微生物阿米巴等动物的行走路线都呈弧状。

　　人同动物在黑暗中无法走直路，运动轨迹呈曲线的原因到底是什么呢？

　　若是我们科学地提问，这层颇具传奇色彩的面纱就会被揭开了。

　　我们不应去问它们的运动轨迹为何呈曲状，而应问它们走直线的条件有哪些。

　　我们回头来想想靠电池运行的玩具汽车是如何行使的。玩具汽车的行驶路线可不是直的，同样会不断发生偏离。

　　对于玩具小汽车的运动轨迹是曲折的这一现象，每个人都觉得很正常，并且每个人都知道为什么：因为两个车轮大小不一。

　　同样的，不管是人还是动物，只有他们身体两侧的肌肉发育得一模一样时，才能不再依靠眼睛也能走出直线。但是，人与动物的身体上的肌肉却并不能运动得完全一样。经常是人和动物身体右边的肌肉发育得状况好于其左边身体上的肌肉。假设一个人走路时经常是右脚的步长超出左脚的步长，这么一来，他走的路线肯定就不是直线了，这再正常不过了。假设不借助眼睛来帮助他矫正的话，他就一直朝左偏离下去了。划船的人也跳不出这个怪圈，因为雾气的影响让他失去了辨析东南西北的能力，再加上他左臂划船的力度超出了右臂，这样行进下去船肯定是要向右偏的，这点完全由几何学原理确定。

相反，如果一个人左腿的步伐超出右腿1 mm，这意味着，两条腿分别走出1 000步后，这个人左腿走的路就超出右腿1 000 mm，即比右腿多走1 m。在这种情况下左右两条腿是无法走出平行直线的，只能走出同圆心的两个圆。

其实我们还能借助前面值班人员在归家途中在雪夜转圆圈的平面图，求一下那几名值班人员左边脚步大出右边脚步多少（他们都偏到右边去了，这说明他们左腿的步伐大于右腿的）。人在走路时，两只脚的足迹线相距约10 cm，也就是0.1 m（图114）。在一个人行走出一个圆周后，其右腿行出的路程为$2\pi R$，左脚的行程是$2\pi(R+0.1)$，其中R代表该圆周的半径，以米作为计量单位。而$2\pi(R+0.1)$和$2\pi R$的差值是：

$$2\pi(R+0.1)-2\pi R=2\pi \times 0.1$$

图114 行走时左右两脚的足迹线

也就是0.62 m，即620 mm。其为一个人的左腿同右腿迈出的步长差，两腿重合的次数同步数是相等的。由图112不难推演到，在雪谷迷失方向的三名值班人员转出的圆圈的直径在3.5 km左右，那么，他们走出的圆周的周长就约有10 000 m。如果平均下来他们迈出的每一步长为0.7 m，这意味着，在那个雪夜，三名值班人员一共走了$\frac{10\ 000}{0.7}=14\ 000$步，左腿和右腿分别走了7 000步而"左"边的7 000步比"右"边的7 000步多620 mm，就说明左腿的步伐超出右腿$\frac{620}{7\ 000}$ mm，不足0.1 mm。这微乎其微的差值竟然造就了这么不可思议的后果!

转圆圈的人走出的圆周半径的大小取决于左腿和右腿的步长差。它们之间的这种关系也很容易弄清楚。当一个人步长为0.7 m时，一个圆圈转下来行出的步数就为$\dfrac{2\pi R}{0.7}$，其中圆周的半径为R，用单位米做计量单位；左腿的步数是$\dfrac{2\pi R}{2\times0.7}$，右腿的步数和左腿完全相等。用此人走出的步数与两条腿迈出步伐的长度的差值相乘x，我们就能得到左腿和右腿转出来的同心圆的差，也就是:

$$\frac{2\pi\cdot Rx}{2\times0.7}=2\pi\times0.1$$
$$Rx=0.14$$

其中，R和x都以米作为计量单位。

借助步长差就能用此式求出圆周的半径，相反，知道圆周的半径，也能计算出左右步长之间的差值。例如，我们能获得圣马尔克广场实验者行走出的圆周的最大半径。因为参与该实验的人都如图111那样，并没走到教堂的正面DE，于是，按照圆周的"矢"$AC=41$ m与不超过175 m的半弦BC，便不难求出AB圆弧的最大半径。

从下面的式子中就能得到:

$$BC^2=2R\times Ae+Ae^2$$

取$BC=175$ m，则有:

$$2R=\frac{BC^2-AC^2}{AC}=\frac{175^2-41^2}{41}\approx700\text{ m}$$

参与圣马尔克广场实验的步行者走出的圆周的最大半径约有350 m。

计算出该值后，我们借助前面介绍过的公式$Rx=0.14$就能求得左右腿的最小步长差:

$$350x=0.14$$

求得$x=0.4$。

经圣马尔克广场的实验证实，参与者的左腿与右腿的步长差不超过0.4 mm。

有时候我们经常读到或是听到别人对这一现象的描述:是两条腿的长度不同造成了原地转圈的现象。一般人左边的腿长度超出右腿，所以，他们在行走时会不由自主地偏离自己原先的路线，偏向右边。这个答案不符合几何学常识，因为无法走直线的原因在于左右腿的步长差，而不是左右腿的长度差。由图115不难看出，人在前进时各个脚步的角度都是相同的，即$\angle B_1=\angle B$。此时由于$A_1B_1=AB=B_1C_1=BC$，于是就有$\angle A_1B_1C_1=\angle ABC$，因此，$AC=A_1C_1$。反之，走路时，一条腿的步伐迈得稍微比另一条腿大一点儿，就算左右腿的长度是相同的，都可能存在步长差。

　　同样，划船的人也常发生原地转圈的现象，撑船时右手的力度常常超出左手，于是船就神不知鬼不觉地偏到左边去了，之后原地转圈。左右腿迈出的步伐存在步长差的动物，或者左右翅膀用力大小不一致的生物，不能借助视觉把握原先的直线行走方向时，就算它们左右胳膊、左右腿或左右翅膀的力度差微乎其微，也不能避免原地转圈现象的发生。

　　抱持这种想法来看待前面介绍过的那些原地转圈的现象，上文那些不可思议的事件也就不难理解了，它们在我们眼里也就正常了。如果无须借助自己的眼睛就能掌控方向，就能一直走直线，那才奇怪呢，毕竟直线运动的前提是人躯体上的各个器官在几何上完全对称，然而生物们很难或者根本不可能达到这一点。即使是稍有偏差，运动出的轨迹也会是弧形的。实际上，让我们诧异的并非我们眼前发生的现象，而是我们从前看似平常的事情。

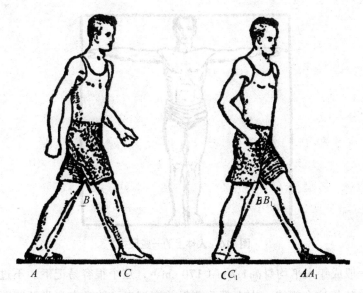

图115　迈步的角度相同了步长也就一致

走路时由于身体缺陷和视野不足导致的原地转圈现象在很多时候可以借助指南针、道路和地图来摆脱，不过，这一缺陷对于动物界，特别是活动于荒漠、草原或大海里的动物而言，可就严重影响其生活了：躯体发育方面的不对称让它们的身体丧失了平衡，也就是它们经常会出现原地转圈的现象，威胁它们的生存。这个致命缺陷把这些动物牢牢束缚在了它们出生的地方，让它们无法远行。但是，进到草原纵深处的雄狮，最后不是回到了原来的地方吗？将家巢建于绝壁翱翔于大海之上的海鸥也能飞回（让我们不解的是，有的鸟居然能长途跋涉，无论是在陆上还是海上都能直线飞行）。

8. 身体上的活测具

短篇小说《少年水手》中的小男孩能在漆黑的船的底舱求出几何难题，所依靠的就是在港口量过的身高以及测量结果。如果我们大家都拥有这么一部"活体尺子"，用到需要测量物体之时拿出来使用，的确很方便，熟记达·芬奇发现的一些人体上的比例是很受用的：一般人以水平状平举自己的双臂，两指之间的距离约等于其身高（图116）。这个规律的发现，比《少年水手》里小男孩自己发明的尺子更加的实用。

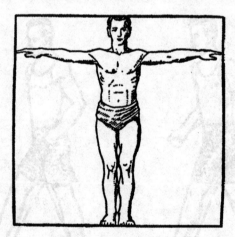

图 116　人体上的一些尺寸

一般成年人平均身高1.7 m（170 cm），这个很容易记下。不过，不要过分依赖这个规律：人人都要测量并牢记自己的身高和张开双臂时的长度。

为方便在缺少测量工具的条件下测量物体长度之需，大家可熟记我们身体上的一些数值：

其一，大拇指和小拇指撑开后两指间的间距（如图117）。成年男子的这一距离约为18 cm；青年的这一值要小些，会伴随年龄的增加而增大（在25岁时增大停止）。

其二，食指长。该长度可用两种方法测：由中指指根测（图118）或由大拇指的指根测。另外，我们也应牢记自己撑开的食指与中指间的距离，成年人的这一数值大概为10 cm（图119）。当然，我们也要掌握自己手指并拢后的宽度。

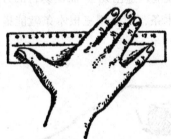
图117　两指指尖间距离的测量

图118　食指长度的测量

严丝合缝放在一起的中间三根手指宽约5 cm。

熟练掌握这些数据，你就能信心满满地去进行各种测量工作了，就算你如同《少年水手》中的小男孩一样位于黑暗而狭窄的底舱也无所谓。图120展示的是现实生活中的例子，用三根手指测一个玻璃杯的周长。我们取均值，这只玻璃杯的周长=18＋5=23 cm。

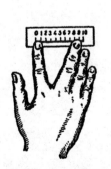

图119　两指指尖间距离的测量　　图120　徒手测量杯子的周长

9. 制作三角形

【题目】我们回头看《少年水手》中的小男孩对自己运算结果的验证时，不由得想出了这么一道题：他用怎样的方法画的三角形？马因·里德是如此写的："而后我让其与另一根木杆垂直相贴，让它们构造出90°的角。"在伸手不见五指的船舱全部靠摸索来完成测量工作，出现较大的修正值是在所难免的。但是，马因·里德笔下的小男孩借助一个很实用的方法作了直角。是什么办法呢？

【题解】可以借助勾股定理。拿三根木条构造出一个三角形，而且三条边各有一定的长度，用其中的两根木条就能构造出90°。简便易行的方法是，以3∶4∶5挑选出作为三角形三条边的木条，那么用三根木条就能搭出其中一个角为90°的三角形（见图121）。

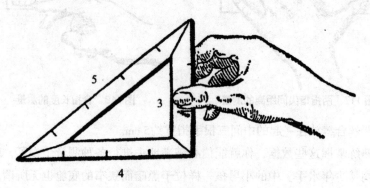

图 121　直角三角形

远古时期的埃及人建造金字塔时就大量运用了这个办法。就是到了今天，一些建筑工地也还在使用。

第九章

圆

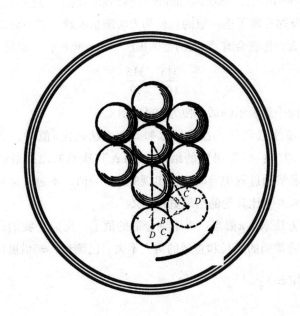

1. 埃及和古罗马的几何学

现在，每个中学生在用直径求解圆周长时的精确性都要好于埃及建造金字塔时期最聪明的祭司或罗马时代技术最高超的工匠的结果。古埃及人一直以圆"周长是直径的3.16倍"作为检验的标准，但是罗马人将这一标准确定为3.12倍，实际上，准确的倍数应该为3.14159……古埃及与古罗马的数学家没有同以后的数学家那样用科学的几何知识对圆周长和直径的比值加以求解，他们把自己的经验当成了真理。不过，怎么出现了这么大的修正值？难道他们连拿一根绳子缠绕一个圆形的物体，而后取下绳子，测测绳子的长度都不会？

毋庸置疑，他们这样做过了。不过，不能以为运用如此的方法就可获取确切的值。例如，如果存在一个直径是100 mm的圆底花瓶，瓶底的周长应为314 mm。但是，在实际测量时，你选用的测量工具是根细绳，就不一定能测到这样的结果，出现1 mm的误差再正常不过了，这意味着，π=3.13或3.15。假设你发现了连花瓶的直径都无法测量准确，弄不好就会有1 mm的误差，那么，你就会有"π值的范围很广"这种想法，也就是：

$$\frac{313}{101} \sim \frac{315}{99}$$

如果借助小数表示的话，便为3.09 ~ 3.18。

大家应该注意到了，在我们以如此的方法确定π值时，我们获得了和3.14不同的值：首先得到的结果是3.1；其次得到的是3.12；最后得到的是3.17……在求解的过程中有时也会出现3.14这一值，不过，运算的人会认为，这个结果并不比其他的结果更有意义。

用这种方法求解π值当然得不到合适的值了。所以，我们应该能够理解，为何不清楚圆的周长和直径的古人不去自己测量，却借助阿基米德的推理方法认定π=$3\frac{1}{7}$。

2. π 的精确性

不知道大家有没有阅读过《代数学》，就是由穆罕默德·本·木兹写的那本，他是一位远古时期阿拉伯的数学家。其中有这么一些话：

最佳方法就是将直径乘以$3\frac{1}{7}$。这是最快捷简便的方法。只有真主才清楚比它更好的方法。

大家不难发现，$3\frac{1}{7}$这一数据，无法反映圆的周长同直径间的比例关系。从理论上讲，这种比例关系不能以任何确切的分数来表达。我们仅可以用一些近似的比例表示，让人意想不到的是，它的精确性已远超生活中最严苛的要求。在16世纪的时候，荷兰数学家卢多尔夫计算出了π的小数点后35位并留下遗嘱，让后人将他求出的结果作为墓志铭[1]（图122）。他在荷兰的莱顿中心求出的这一数值为：

图122　以其所求的 π 值为墓志铭

3.141 592 653 589 793 238 462 643 383 279 502 88……

德国人圣克斯于1873年宣称他求出了π值小数点后的707位。不过，用这么长的近似值代表π值，不但没有价值而且也没有意义。后来，有些人也许是无事可做，也许是处于争强好胜的心理，产生了要胜过圣克斯的想法：1946到1947年，曼彻斯特大学的弗格森同美国的伦奇都不约而同地求

---

[1]　那时 π 值的符号还没有运用，直至 18 世纪中叶方由俄国数学家 Л. П. 欧拉推出后才广为使用。

到了π值小数点后的第808位，而且弗格森因为发现圣克斯算到528位后就出了错而深感自豪。

如果我们测量出了地球的精确直径，迫切地想求出赤道圆周并将该结果精确至1 cm。要实现我们的这个愿望，取π的小数点后9位数就可以达到我们的目的了。如果我们超出一倍（取π值小数点后18位数），我们求出的就是以地球与太阳间距为半径的圆周长，还能让误差小于0.000 1 mm（不及一根头发丝的1%）。格拉韦告诉我们这样一个事实：计算将π的结果验算至小数点后的第100位也没有什么价值。他自己做过这么一个运算，如果一个球体，它的半径等于地球到天狼星的间距，即往132之后添10个零并用千米单位描述：132×10^{10} km。将该球体里装满微生物，如果每个1 mm³的空间均有10亿（1 010）个微生物，然后将它们排成一条线，并使每两个微生物的间距等于地球和天狼星之间的距离，这样的话，我们不妨把想象中的这一长度当作一圆周的直径，如果我们将π值取到小数点后的第100位，我们就能求出这个圆周并精确至0.000 001 mm。面对这种情形，阿拉戈曾经这么说："从精确度的意义上来讲，假如在圆周长度和直径之间存在着一个可以用数字完全精确表示的比值，那我们从中也可能一无所获。" 实际上，要用到π值的日常运算，取至小数点后两位（也即3.14）就足矣了，如果要求计算结果更精确，也只需取到小数点后的四位即3.1416。依照四舍五入的法则，最末的那位就是6了[1]。

短诗或简单明了的句子更便于记忆，于是，人们为记忆π的一些数值写出了一些别有一番情趣的诗句。在该类诗歌著述当中，每个词的字母数依次与π值的相应数字一一对应，并用谐音将它们联系起来。

3. 改变耕地方式

某篇小说里讲述的内容可用作几何运算。

在田地的中心插着根钢杆，最上面拴着根绳子，绳子的另一头系在拖

---

[1]　在新版前的俄文版中出现过我国古代数学家求解 π 值的叙述。"有关对圆周和直线长度的较为确切的求解，离我们更远些的便是刘徽与祖冲之。早在公元 3 世纪时，刘徽便想到了借助'割圆法'求到了圆周直线长度的近似值 3.14，而且宣称，利用他的方法可让近似值达到 3.141 6。公元 5 世纪时，祖冲之将这个结果推算至 3.141 592 6 及 3.141 592 7"（参阅《趣味几何学》，2008 年版，中国青年出版社，第三版，2008，第 230 ~ 231 页）。

拉机上面。操作手一按启动杆，拖拉机就发动起来了。

拖拉机朝前驶去，围绕着钢杆运动出了一个圆形的轨迹。

"为了从根本上改变该拖拉机的耕作方式，"格列汉道，"唯有一件事你能做，那就是将拖拉机跑出来的圆形变作正方形。"

"可不是吗？目前的这种耕种方法要是用在方块的地里，会浪费不少土地。"

格列汉算过之后继续道：

"大概10英亩土地就会浪费掉3英亩。"

"少不了这个数的。"

【题目】他的计算正确吗？

【题解】他计算出的结果存在重大错误：这种耕作方法浪费掉的土地比全部土地的$\frac{3}{10}$要少。如果方形土地的一条边长度为a，那么，正方形土地的面积就为a^2。同时其内切圆的直径也为a，于是内切圆的面积就应是$\frac{\pi a^2}{4}$。浪费掉的方块地是：

$$a^2 - \frac{\pi a^2}{4} = (1 - \frac{\pi}{4})a^2 \approx 0.2\, a^2$$

这样一来，方块地中浪费掉的土地大概是22%，而不是格列汉所说的30%。

4. 奇特的 π 值求法

你怎么也想象不出，求解π值会有一个特别的办法：找一些不太长的缝衣针（大概有2 cm）去掉针尖，保证粗细均匀，而后找张纸作细平行线，平行线之间的间距是针长的一倍。然后，从任意高度往纸上投针，接下来查验针有没有与某条直线相交在一起（见图123左）。要想让投下去的针不反弹，你可以在纸下面垫一些厚纸或呢绒布。投针实验要反复进行下去，有可能要进行100次甚至1 000次，每次都要登记针有没有与其中的一条直线交于一点（计算时仅是针的一头与其中的一条直线接触了都视作相交了）。到了最后用总投针量除以交点数，就是π值，不过只是近似值。

原因何在呢？让我们来阐述一下。如果针和直线的交点为K，但我们用的针长20 mm。当针和直线产生交点时，交点会出现在20 mm内的任何1 mm处，而针的任意一段和直线相交的概率都是相等的。因此，任意1 mm和直线相交的次数都为$\frac{K}{20}$。长度是3 mm的针的相交次数为$\frac{3K}{20}$，长度是11 mm的针的相交次数为$\frac{11K}{20}$，以此类推。于是可以说，针与直线的相交次数和针的长度之间成正比例关系。

　　就算针弯曲，两者间的比例关系也不会改变。如果针被折成了如图Ⅱ（图123右）的样子，已知$AB=11$ mm，$BC=9$ mm。AB和直线相交的次数为$\frac{11K}{20}$，BC部分的交点有可能是$\frac{9K}{20}$，那么，整个针可能的相交次数为$\frac{11K}{20}+\frac{9K}{20}$，计算后的值还是$K$。我们让它弯得更厉害些，如图123Ⅲ。但是，针与直线的相交次数并不受影响（不过，如果针呈弯曲状时，也有可能发生针的两处甚至两处以上同时与直线产生交点的情况。这样的情形就算作两次或多次相交，因为针上的各段与直线的交点都是独立统计的）。

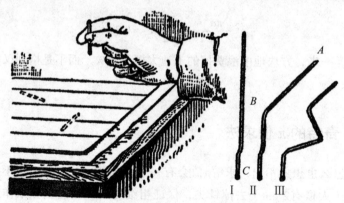

图123　投针求π的近似值

　　如果我们让实验用的针呈圆状，而且它的直径与直线间的距离（超出针的1倍）等同。每次投下的圆环，均应同任意一条直线形成交点（或是同时和两条直线产生交点，不管怎样，都会出现两个交点）。如果总共掷了N次针，则和直线的相交次数为$2N$。前面我们的针是直的，要比圆形的针短一些，其比值等于圆环半径和圆周长的比值，也就是$\frac{1}{2\pi}$。我们在前面已经说过，针可能产生的相交次数同针的长为正比例关系。因此，我们目前掷的针同直线相交的次数K和$2N$就有以下关系 $K = \dfrac{N}{\pi}$，于是就有：

$$\pi = \frac{N}{K} = \frac{投掷次数}{相交次数}$$

很显然，掷针的次数越多，得到的π值的精确性越高。19世纪中叶，瑞士的天文学家沃尔夫有幸看到在带格子的纸上投掷5 000下针的实验，求得的π=3.159……没有阿基米德推演出的数据的精确性高。

正像你看到的一样，圆的周长同直径的比值完全能通过实验的方法得到，而且颇有趣的是，这既没有作圆，也没有测量直径，连圆规都没有用。一个不了解几何学甚至不懂圆的人，若能耐心多次投掷并详细登记，同样能通过这个方法求出π的近似值。

5. 圆周的简易求法

【题目】把$3\dfrac{1}{7}$作为π值足以应付日常的生活了。用圆直径的$3\dfrac{1}{7}$作为量具且沿着一条直线将圆展开（将一条线段等分成7等份当然是可能的）也是行得通的。不过，也有其他展开圆周的办法，都是些木工和白铁匠们日常工作中所使用的方法。这里我们先不去探讨这些方法，而是要告诉朋友们一种既简便又准确的办法。

如果将半径为r的圆周O拉直（图124），第一步需要作直径AB，过点B作$CD \perp AB$。再由圆点O牵引出直线OC并与CD相交于点C，且令$\angle COB = 30°$。之后从CD直线以点C为起点截取等同于三倍半径的线段，连接AD。此时$AD = \dfrac{1}{2}$圆周。假设将线段AD伸长一倍，便能获得展开圆周O的近似长度，它的误差约为$0.000\,2r$。

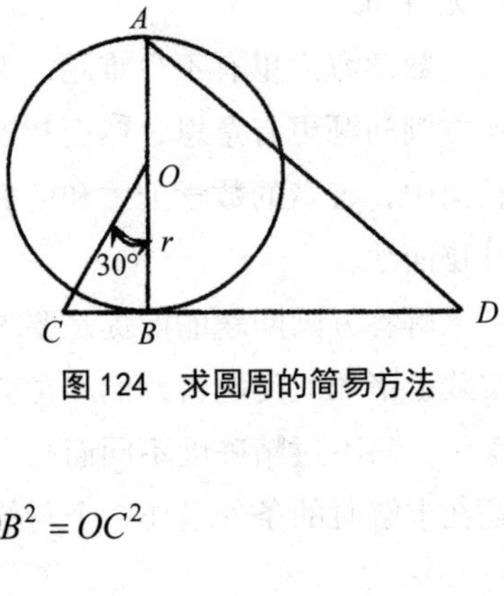

图124 求圆周的简易方法

这一方法遵照的几何学原理是什么？

【题解】由勾股定理我们有：$CB^2 + OB^2 = OC^2$

$R = OB$，而且 $CB = \dfrac{OC}{2}$（与 $Rt\triangle OCB$ 的一条直角边 CB 对应的
$\angle COB = 30°$）。于是有：

$$CB^2 + r^2 = 4CB^2$$

$$CB = \frac{r\sqrt{3}}{3}$$

而且，在 $\triangle ABD$ 内，

$$BD = CD - CB = 3r - \frac{r\sqrt{3}}{3}$$

$$AD = \sqrt{BD^2 + 4r^2} = \sqrt{(3r - \frac{r\sqrt{3}}{3})^2 + 4r^2} = \sqrt{9r^2 - 2r^2\sqrt{3} + \frac{r^2}{3} + 4r^2} = 3.141\,53r$$

把这一结果同以精确度更高的π值（π=3.141 593）对比，就会发现，相差约0.000 06r。如果我们使用这个办法拉直r=1 m的圆的话，经验证，半圆的误差只有0.000 06 m，那么，整个圆的误差也仅为0.000 12 m，或0.12 mm（差不多是头发的粗细）。

6. 千古名题方圆问题

想必大家都听说过方圆问题，2000年前数学家们就已经苦苦钻研这一几何学难题了，我相信在读者中也有不少人想自己求解此题。不过，更多的人很困惑：这道几何学难题到底什么地方难呢。那些喜欢跟风的人会说方圆问题根本就求不出来，但是他们对这道题的本质和解答该题的关键却一无所知。

数学海洋里有不少难题，无论是从理论上还是从具体的实践来看，都比方圆问题更有意思，然而却没有哪道题像它这样出名，近2000年的历史长河中，有名的数学天才和爱好数学的业余者费尽千辛万苦都想解开它的神秘面纱。

解答方圆问题的前提是要求解一个面积同已知圆面积相同的正方形。实践上诸如此类题目我们经常会碰到，而且很早之前就已在现实中解答出来了，只不过精确度不同而已。不过，这样一个流传至今的高名气数学难题在求解时的条件是作一个与给定圆面积等同的正方形，而且仅有两种方

法供使用：①根据已知的点和半径作圆；②根据两个已知点作直线。

也就是说，作图时仅限两种作图工具——圆规和尺子。

非专业人士的共识是，该题难就难在圆周长同直径的比值（π值）无法用有限数来表达。该观点仅在此题的可解性受制于π值的特殊性的时候才是正确的。其实，把矩形改造成面积一样的正方形并不难，结果的精确度也较高，然而方圆问题难就难在要将圆变成等面积的矩形，也就是用圆规和直尺做出和已知的圆面积相同的矩形。由圆的面积公式$S=\pi r^2$或$S=\pi r \times r$不难发现，圆的面积等同于一个矩形的面积，矩形的一条边为r，另一条边则是r的π倍。现在的目的是，作一条线段，而且是已知线段的π倍。但是大家都知道，$\pi \neq 3\frac{1}{7}$，$\pi \neq 3.14$，$\pi \neq 3.141\,59$，π值是由一组无限不循环小数构成的。

以上我们阐述的是π值的一些特征，也就是它具有的无理数特点（即无法用一个准确的数字来呈现）。兰贝特和勒让德在18世纪就发现了无理数的这些特性并给予证明。但是，π值具有无理数特性的发现及证实并不能让喜欢数学并想钻研深究的人们停下他们求解的步伐。他们认为π值具有的无理数特性无法阻挡他们求出该题的结果，因为现实中的确存在通过几何作图从而求出无理数的例子。例如，有这么一道题目：作一条线段而且要超出已知线段$\sqrt{2}$倍。毫无疑问$\sqrt{2}$与π相同，均为无理数。尽管这样，可是，作这样一条线段并不难：用已知线段作为一条边长的正方形其对角线长度即为边长的$\sqrt{2}$倍。

每个中学生都能不费力地做出$a\sqrt{3}$线段（其为圆内接等边三角形的一条边长），就连下面这些看起来更为复杂和烦琐的无理式作图题都难不倒他们：

$$\sqrt{2-\sqrt{2+\sqrt{2+\sqrt{2+\sqrt{2}}}}}$$

这个式子实质上是作一个正六十四边形。

我们发现，算式里的无理数并不总是无法借助圆规和直尺作图的。方圆问题之所以无法解答并非完全因为π是无理数，还缘于π的另一特征：π不是代数学的数，无法在解含有有理数系数的方程中求出它。这些无法求出的无理数就叫"超越数"。

维也特早于4世纪就求证过下面的这个算式：

$$\frac{\pi}{4} = \cfrac{1}{\sqrt{\frac{1}{2}} \times \sqrt{\frac{1}{2} + \frac{1}{2}\sqrt{\frac{1}{2}}} \times \sqrt{\frac{1}{2} + \frac{1}{2}\sqrt{\frac{1}{2} + \frac{1}{2}\sqrt{\frac{1}{2}}}} \cdots}$$

假设包含π值的式子的数均为有限数（可借助几何作图法将算式给画出来），于是原本要求π值的算式就有解出的可能了。但是，因为算式中求解平方根的数为无限数，维也特的努力全白费了。

π值具有的这种超越性让方圆问题变得不可解，我们不可能在解答含有有理数系数方程的过程中求出π。对于π值该特性的证实，林德曼于公元1889年就非常严谨地完成了。根据他得出的结论，他算得上是世界上唯一解答了方圆问题的科学家，即使他给出的结果是否定的，但是他证明了用几何作图法是解答不了方圆问题的这一现实。这个结论的得出让诸多数学家停下了上百年都没有结果的探求，不过很不幸的是，众多对该问题只知皮毛的业余爱好者不相信这一点，还在不停地钻研。

方圆问题，从理论方面而言就到此为止了，现实生活里也无须精确求得这道千古几何难题的解。很多人觉得，求解方圆问题对现实生活的意义很大，这并不正确，我们仅用能求出方圆问题近似值的方法来应对现实生活，就足够了。

其实，早在求出π值的第7～8位数字后，研究方圆问题就失去价值了。求到π=3.141 592 6就足以让我们解决我们生活中的难题。一切测量结果都无须用7位以上的数字表达，因此将π值求到第8位没任何意义：这根本无助于计算结果精确度的上升（见别莱利曼《趣味算术》）。假如用7位数代表半径，那么就算你将π值取到第100位，圆周的长度也不能用7位以上的数字来代表。早先的数学家为了求出π值的更多位数进行了大量艰苦的计算，但是这样的付出毫无价值，对科学工作的作用也并不大，仅需具备耐力和吃苦耐劳的精神即可。假如你很青睐这项工作，又有大把的时间，就可以借助莱布尼茨（这种运算需要耐力，很大的耐力。因为求出π值的六位结果就得从上面的数列中取2 000 000项）的无穷级数，将π值计算到第1 000位：

$$\frac{\pi}{4} = 1 - \frac{1}{3} + \frac{1}{5} - \frac{1}{7} + \frac{1}{9} - \cdots\cdots$$

不过，谁也不会用这样的式子，因为它对求解方圆问题毫无助益。

上文我们介绍过的阿拉戈留下了这样的文字：

那些试图解开方圆问题之谜的人们，坚持不懈地进行着演算。目前这道题目的不可解性早已被事实所证明，就算演算可能有结果，但结果也不会有任何实际意义。我们不值得把这个问题宣传得沸沸扬扬。失去理智的人一心想破解方圆问题，他们是不会理会任何证据的，这种理智上的病态自古以来就有。

后来，该天文学家又写了下面这段文字：

所有国家的科学院在反对人们盲目求解方圆问题的过程中发现，这种病症通常在冬末春初时节趋于严重。

7. 兵科三角形

我们一起探讨一个计算方圆问题近似结果的方法，它对我们的生活会有很大的帮助。

具体的操作步骤如下：如图125，首先要找一个 $\angle \alpha$，设和 AB 成 $\angle \alpha$ 的另一条弦 $AC=x$，该弦也为要求的正方形的一条边。要想求出这个角，我们就要用三角学知识。设圆半径为 r，有：

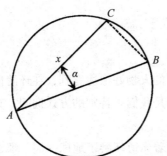

图125　兵科求解方圆问题的方法示意图

$$\cos A = \frac{AC}{AB} = \frac{x}{2r}$$

那么，要求的正方形的边长 $x = 2r\cos\alpha$，面积 $s = x^2 = 4r^2\cos^2\alpha$。从另外一个角度讲，此正方形的 $S = x^2 = \pi r^2$，也就是说其同时为圆的面积。所以，$4r^2\cos^2\alpha = \pi r^2$。

运算后得到

$$\cos^2 \alpha = \frac{\pi}{4}$$

$$\cos \alpha = \frac{\sqrt{\pi}}{2} = 0.886$$

依据三角函数便有：$\alpha = 27°36'$。

如此一来，仅需作一条直径同弦形成27°36′的角，我们就获得了同圆面积相等的正方形的一条边了。实践中，不妨自己做一个用于制图的三角板（公元1836年由俄国的兵科发现，所以就用他的名字给该类三角板起了名），其中的一个锐角等于27°36′（另一锐角是62°24′）。一旦拥有了它，你就能求解一切同圆面积相同的正方形的边了。

以下的提醒对打算为自己做一块兵科三角板的朋友大有好处。

因为

$$\tan 27°36' = \frac{23}{44} = 0.523$$

那么该三角形的两条直角边比值为0.523（即 $\frac{23}{44}$ ）。因此，在做三角板之际，让它的一条边等于22 cm，而让另一条边等于11.5 cm，我们想要的角度就有了。当然，该三角板也能用来绘制普通的图。

8. 脚和头

儒勒·凡尔纳笔下的人物好像注意到，在环游世界的过程中，他的头比他的脚行程更多。若是我们用特别的方式询问，其不失为一道颇有意义的几何题。

【题目】如果你顺着赤道环游了地球一周，那么你的头比你的脚多走了多远？

【题解】设地球半径为R，于是你的脚行程为$2\pi R$，你的头行程是$2\pi(R+1.7)$，式中的1.7m是你的身高。此时头和脚所行路程的差距为：

$$2\pi(R+1.7) - 2\pi R = 2\pi \times 1.7 \approx 10.7 \text{ m}$$

最后得出结论，头的行程的确比脚多10.7 m。

让我们好奇的是，最终的结果根本就不含有地球半径R。因此，不管在地球上还是木星上，甚至是在最小的行星之上，得到的结论都是相同的。正常情况下，半径不是两个同心圆周长差的决定因素，它往往由两圆周的间距确定。地球轨道半径加长1 mm时圆周的变化情况与一枚5分硬币半径增长1 mm时结果相同。

下文这道颇为有趣的几何题目常常被刊载于几何有限题集，它被冠以几何学佯谬[1]题。

如果一根铁丝顺着赤道紧密缠绕在地球上，假设给铁丝增加1 m，那么老鼠能不能自铁丝和地球出现的缝隙之间穿过呢？

也许有人会说，铁丝和地球形成的间隙细如发丝，因为和地球赤道 40 000 000 m的长度相比，1 m实在太微小了。然而真实情况却不是这样的，这个缝隙有：

$$\frac{100}{2\pi} \approx 16 \text{ cm}$$

这个间隙显然足够大，比老鼠个头大些的猫都能通过。

9. 缠绕赤道的钢丝

【题目】如果赤道由一根钢丝严丝合缝地绕起来。如果给钢丝降温1℃，结果会怎样？

根据热胀冷缩原理，既然是给钢丝降温，那么它的反应应是收缩。若是收缩途中，没有出现断裂或是拉长，那么钢丝能扎进地里多少？

【题解】人们可能会认为，只降了1℃钢丝不可能扎进地里。不过，得到的结果告诉人们，他们的想法不正确。

就算只是给钢丝降温1℃，它也会收缩0.001%。如果钢丝长为40 000 000 m（地球的赤道长），通过计算，钢丝会缩短400 m。不过，钢丝构造出的圆周半径减少的并不是400 m，远比这个长度短。要想知道半径到底减少了几米，就得以：

$$\frac{400}{2\pi} \approx \frac{400}{6.28} \approx 64 \text{ m}$$

因此，即便是给钢丝降温1℃，根据热胀冷缩原理出现的后果也并非人们所想象的那样，它扎进地里的深度并不是用毫米来描述的，而是需要

---

[1] 看似谬论的真理叫作佯谬，与看似真理的谬论"诡辩"不同。

用米来描述的。

10. 实验和运算结果

【题目】如图126，呈现在我们眼前的是八枚一模一样的硬币，其中七枚上有阴影并且固定不动，另外还有一枚没有阴影的硬币顺着其他七枚的边往前滚着。那么，第八枚硬币沿着固定的硬币滚动一圈，自身需要转多少圈？

自然，你可亲自操作一番弄明白这一切。你不妨找八枚尺寸相同的硬币，按照图中所示的那样一一排列好。接着，想办法将其中七枚固定，顺着它们的边朝前滚第八枚硬币。当数字和刚开始的时候的数字一样时，就说明它已经自己转过了一圈。

不要光去想，应该动手实践一番，那样你才能清楚第八枚硬币仅需自转四圈。

下面就来看我们凭想象和运算得到的答案。

我们首先需要搞清楚滚动硬币滚过一枚枚固定硬币时留下的轨迹是什么样的（如图126虚线）。为了这个目的，我们不妨假设滚动圆由凸起的A朝固定不动的圆之间的凹处滚去。

由图上很容易发现，滚动圆的运动轨迹AB内含一个60°角。在各个固定圆的圆周上都留下了这样两条运动轨迹，它们构成120°角的弧线或$\frac{1}{3}$圆周。因此，滚动圆

图126 无阴影线的硬币绕有阴影线的硬币一周，需自转多少圈？

在滚过各个固定圆$\frac{1}{3}$圆周之后，自己转了$\frac{1}{3}$圈。一共有六个圆是固定不动的，那么，我们就不难得到这样的结论：滚动圆只自转了$\frac{1}{3}×6=2$圈，与实验结果相差很大。不过，实践才是检验真理的唯一标准，若是实验结论与运算结果不一致，只能说明我们的计算存在差错。

那么哪里错了呢？

【题解】关键是，在滚动圆顺着 $\frac{1}{3}$ 圆周长的直线段往前滚时，它的确自转了 $\frac{1}{3}$ 圈。而若是它顺着一条曲线的弧向前滚，就不仅仅是 $\frac{1}{3}$ 圈了。在该题中，滚动圆转过其圆周长 $\frac{1}{3}$ 的弧时，自转的圈数为 $\frac{2}{3}$ 而绝不是 $\frac{1}{3}$，所以，在它滚完这样的六条弧线以后，它就转动了 $6×\frac{2}{3}=4$ 圈。

下面的论述会让你更确信这个结论。图126中的虚线部分勾勒出了滚动圆在顺着固定圆的弧 AB（60°）旋转后的落脚点，即停留在了该弧线位于圆周长 $\frac{1}{6}$ 处。在新的落脚点，占据最高点的为点 C 而非点 A。很明显，滚动圆上的每一个点均滚动了120°，即滚动了一圈的 $\frac{1}{3}$，固定圆上的"120°"角的里程大致为滚动一圈的 $\frac{2}{3}$。

因此，若滚动圆留下的运动轨迹为曲线或折线，就说明它自身旋转的圈数和顺着长度相同的直线位移出的圈数是不同的。我们对这个让人有些吃惊的事实从几何学方面再做一番论述，毕竟对这个现象所做的一般论述不是很让人信服。

倘若半径为 r 的圆顺着直线旋转，在 AB 上滚动了一圈，留下的运动轨迹（$2\pi r$）和 AB 一样长。接下来，我们从 AB 的中央，也就是它的中心点处 C 点将线段 AB 折弯（如图127），并把 CB 折到与原位置成 α 角的位置。

此时，滚动圆运动了 $\frac{1}{2}$ 圈后到达了 C 点，为占据该处并在线段 CB 的点 C 滚动，同自己的中心点一起转动和 $\angle\alpha$ 相等的角度（二角相等，且有互相垂直的边）。

滚动圆顺着线段滚动到了折线所在的位置，之后并没有前移，正是这一情况导致在这里出现了空转，使实际滚动距离比沿直线滚动一整圈要多，空转和旋转一整圈所运动的角度之比为 $\frac{\alpha}{2\pi}$。旋转圆在 CB 上也移动了 $\frac{1}{2}$ 圈，最后计算得出它在折线 ACB 之上滚动了 $1+\frac{\alpha}{2\pi}$ 圈。

如图128，这个时候不难推想出滚动圆顺着一个凸角正六边形外侧运动滚了多少圈。显然，其滚动的圈数与它在直线上滚动的圈数是一样的，直径为该六角形的周长（也就是各个边长相加出的和），再与六角形的各个外角（6个）加总后的和除2π求得的圈数。由于所有凸角多边形的外角的总和都是固定不变的，均等于2π，这样一来，就有 $\frac{2\pi}{2\pi}=1$。

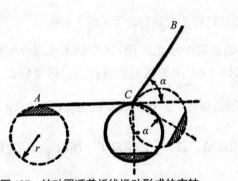

图127　转动圆顺着折线运动形成的空转

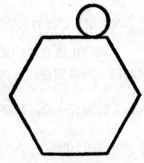

图128　旋转圆在多边形的外边上运动

如此一来，滚动圆沿一个六边形和任意一个凸角多边形旋转时，转过的圈数要比与该多边形周长相等的直线路径滚动时转的圈数多一圈。

当一个凸角多边形的边数无止境地递增时，它就越来越接近圆周了，也就是说前面的条件也适用于圆周。比如在题中，一枚硬币绕着同它一样长的另一枚硬币的120°弧转动时，它滚动的圈数根本就不是 $\frac{1}{3}$ 圆周，而是 $\frac{2}{3}$ 圆周，是有几何学上的根据的。

11. 走钢丝的姑娘

当一个圆周顺着位于同一个平面的一条直线往前滚时，就意味着圆周的各个点也在该平面上发生着位移，即圆周上的每一个点都在该平面上留下了自己的运动轨迹。

仔细观察沿着直线或圆周滚动的圆上各点的运动轨迹，眼前呈现的将是一道道形状各异的曲线，比如图129与图130。

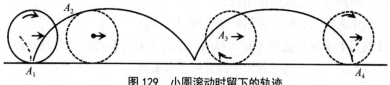

图 129　小圆滚动时留下的轨迹

如此一来，就出现了这么个问题：如图130那样，顺着一个圆的内侧向前移的一个圆上的一点，运动后留下的轨迹能是直的而不再是曲状的吗？

这似乎有点不现实，可是，我看到了这样的例子。正如图131所示，它是一个玩具，名叫"走钢丝的姑娘"。制作该玩具一点都不难，在较厚的硬纸板或三合板上作一个直径为30 cm的圆，在纸板上留空缺处，并延长一条直径至两端。之后在直径延长线的两头各固定一枚缝衣针，将一根细线从针孔穿过，并拉直呈水平，将细线的两头固定在硬纸板或三合板上。然后，把做好的圆剪下，用另一个直径为15 cm的硬纸板或三合板圆周填充圆洞。拿根针固定在小圆周的边沿，接着，拿一块硬纸板制作一个走钢丝的姑娘，借助蜡把姑娘的脚固定在针尖上。

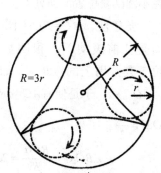

图 130　顺着圆的内边旋转的小圆

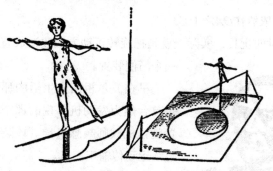

图 131　"走钢丝的姑娘"玩具的简易装置

此时让小圆沿着圆洞的边往前滚，针尖及位于上边的姑娘就会顺着紧绷的细线晃悠着朝前滑。其中包含的原理是：小圆周上固定着针的点是分毫不差地顺着圆洞的直径前进的。可是，为什么从图130上看小圆上的那点滚出来的路线非直线而是曲线？

这是由大圆与小圆直径的比造成的。

【题目】求证当直径不足大圆的一半的小圆沿着大圆的内侧位移滚动时，小圆上的每一点均沿着大圆的直径方向滚动。

【题解】倘若小圆O_1的直径仅为大圆O的一半（见图132），那么在小圆O_1滚动的各个时刻，小圆O_1上均有一点位于大圆O的中心。我们看图来了解一下O_1上点A滚动时的情形：

如果小圆顺着弧线AC滚动，点A会在小圆O_1新位置的何处？

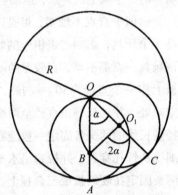

要想使弧$AC=BC$（圆不是向前滑而是往前滚动），很明显，点A应该位于其圆周上的点B处。如果$OA=R$，$\angle AOC=\alpha$，于是便有$AC=\alpha R=BC$，由于

$$O_1C=\frac{R}{2}，于是$$

$$\angle BO_1C=\frac{R\times\alpha}{\frac{R}{2}}=2\alpha$$

图132　"走钢丝女孩"装置示意图

又因为

$$\angle BOC=\frac{2\alpha}{2}=\alpha$$

所以点B依然在OA之上。

上面探讨的玩具，实际上就是把旋转运动方式改造成直线运动方式的一个简便装置。

早在波尔祖诺夫生活的那个时代，也就是首台热力发动机出现的那个时期，这类装置就让机械师颇感兴趣。该装置借助铰链将直线运动传输于一点。

切比雪夫（见图133）曾经运用自己的数学天赋为机械数学的发展出过不少力。他不光是数学家还是机械师，"跬行"机器模型（现存于俄罗斯科学院）、自行滑动椅以及

图133　天才数学家切比雪夫

那个时代最好的计算装置"算术计算器"等都是他研发的。

12. 飞行英雄

大家对苏联的克雷莫夫及他的伙伴们由莫斯科穿越北极转而飞往美洲的圣大新多一事还有印象吗？飞完这个里程他们用去了62小时17分钟，在这次航行中他们创下了两个世界纪录——直线行驶10 200 km不着陆以及折线行驶11 500 km不着陆。

你会不会觉得，克雷莫夫以及伙伴们的飞机与地球同时沿着地轴在发生着位移？我们常常听到这样的提问，不过得到的回答不见得是对的。所有的飞机，包括穿越北极的飞机毋庸置疑都是跟随地球运动着的。原因是，飞机飞在高空仅是脱离了地球表面，并未飞出大气层，所以仍然受到地球引力的影响而沿着地轴转动。

那样的话，该机组由莫斯科起航穿越北极到达北美，和地球同时沿地轴运动出的轨迹如何呢？

要想准确答出该问题，需要指明的是，在我们说一个物体在动时，一般是指该物体跟另一个物体发生了相对位移。由此，如果在研究轨迹同运动的话题时，若是没有特别说明（或者发现）数学方面所说的坐标，那就毫无讨论价值。

英雄飞行组驾驶的飞机对于地球而言近似于顺着莫斯科的子午线在航行。同其余的子午线相同，莫斯科子午线也沿着地轴转动。顺着子午线这条航线航行的飞机也在运动，不过，这种旋转位于地面上的观测者是看不到的，因为这里的运动参照物并非地球，而是别的物体。

下面我们让该题目变得简单些，将北极周边看作平摊在和地轴形成90°平面的一个既扁又平的圆盘。假设该平面是那个"物体"，圆盘相对于它在绕地轴旋转；再将一辆玩具车想象成行驶于子午线航线上穿越北极的飞机，假设其顺着圆盘其中的一条直径匀速直线运动。那么玩具车（准确来说是玩具车的一个点，比如它的重心）的运动轨迹是什么样的？

玩具车由半径的这头移动到那头的用时决定于车速。

我们一起来探讨下面的这三种情形：

一是行驶完全部路程用时12 h；

二是走完全程用时24 h；

三是跑完全程用时48 h。当然，无论哪种情况圆盘的周期都是24 h。

情形一如图134。玩具车用12 h走完全部路程，在这12 h里圆盘只转了 $\frac{1}{2}$ 周，即180°，从A移动到了A′。在图134中，直径八等分了圆盘，也就是八个区段，玩具车行驶完一个区段用时 $\frac{12}{8}=1.5\,\text{h}$。这段时间内倘若圆盘静止不动，从A点出发1.5 h后玩具车将移动到b点。可是，圆盘是转动的，第一个1.5 h，圆盘转过 $\frac{180°}{8}=22.5°$，此时b点将移动到b′点。置身圆盘的观察者感觉不到圆盘的变化，就发现玩具车由A点启程停在了点b。不过，不在圆盘之上的观测者将看到玩具车沿曲线由A点位移到了b′点。第二个1.5 h，身处圆盘以外的观测者会发现玩具车在点C′。第三个1.5 h，他发现玩具车正在沿着c′d′弧线运动，第四个1.5 h，玩具车就行驶到了圆盘的中央e点了。

处在圆盘外面的观测者接着观测玩具车的运行情况。他也许会观察到他想象不到的情形：玩具车将沿着ef′g′h′A这条曲线轨迹行进，而且，让人大惑不解的是，玩具车停止的地点居然是起点，而非圆盘对面的点。

这一不可思议的场景的出现很好理解：玩具车顺着圆盘半径行驶后半部分路程的6 h里，此段半径与圆盘一起旋转了180°，占据着直径的前半段。玩具车跑过圆盘的中央时依然与圆盘一起转。不过，圆盘的中央不足以容纳玩具车，与中心重叠的仅是玩具车上的一个点，在玩具车刚好位于圆盘的中心点时，玩具车同圆盘都绕着中心点旋转，在飞机穿越北极的领空时飞机的状况与之类似。那么，玩具车顺着圆盘半径的一头行驶至另一头，在不同的观测者眼中情形自然也是不同的，那些置身圆盘随着圆盘转动的人会认为前进的轨迹是条直线，而没在圆盘上的人只会发现玩具车的运动轨迹是如图134所示的曲线，样子同人的心脏极为相像。

倘若我们在透明地球的地心观测飞机并且不参与地球的旋转，飞机只有在与地轴垂直的平面上飞行并且穿越北极正好用时12 h，我们才会见到这样的曲线。

我们有个把两种位移结合在一起的实验。真实情况是这样的，由莫斯科子午线飞越北极再抵达相同纬度上正好相反的那点花费的时间不是

12 h，于是我们先来分析一道事先准备好的同类题目。

情形二如图135所示：玩具车正好用24 h经过圆盘直径。在这个时间里，圆盘转了一圈，此时不参与圆盘转动的观察者认为玩具车的运行轨迹是一条图示这样的曲线。

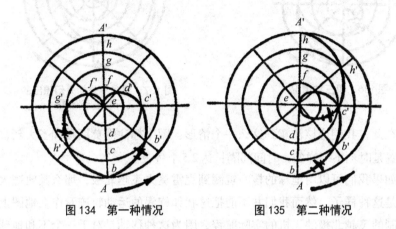

图 134　第一种情况　　　　　图 135　第二种情况

情形三如图136所示：玩具车正好用48 h经过圆盘直径。这一次玩具车行驶完圆盘半径的$\frac{1}{8}$用时$\frac{48}{8}=6$ h。6 h之内圆盘转了$\frac{1}{4}$圈，也就是90°。若圆盘没有转动，玩具车经过第一个6 h后应该沿直径行驶到点b，不过由于圆盘的移动，b点位移到了b'点。第二个6 h后，玩具车到达g点，g由于圆盘的运动到达g'，以此类推。48 h内玩具车走完了整个路程，而圆盘旋转了两圈。将这两种运动方式结合，呈现在观察者眼前的就变成了一条奇妙复杂的曲线。

这个实验里探讨的情形慢慢地与飞机飞越北极的情形愈来愈接近了。克雷莫夫沿着莫斯科子午线穿越北极耗时24 h，因此静止的观察者就认为这段运动轨迹的样子同图136的前半部分一样。克雷莫夫的第二段航程用时比第一段多了50%，并且从北极飞跃圣大新多的路程也比沿莫斯科穿越北极多50%，于是静止的观察者认为第二段的飞行轨迹同第一段一样，仅是航程多了50%而已。

曲线最终的样子如图137所示。

有一种情形让多数人甚是疑惑：在图137里，飞机的起点和终点真的非常近吗？

图136 第三种情况

图137 置身事外的人幻想出的飞行轨迹示意图

在此，我们应该注意到这么一个情形：图中标注的莫斯科和圣大新多的位置是时刻不一样的，时间间隔长达2.5个昼夜。

如果我们可以由地球的核心观测到克雷莫夫飞越北极，那么其轨迹大致就是这种样子。然而我们并不能把这状如旋涡的运动轨迹看作在地图上所绘制的飞越北极的飞机的实际航程，因为这种移动是对于一个不和地球同时围绕地轴转动的物体而言的，如果我们可以由月球或太阳（也就是相对于同月球或太阳相关的坐标系）上观测航行，观察到的运动轨迹就有可能大为不同了。

月球虽然不像地球那样昼夜转动，却会以30天为周期绕着地球转一圈。在沿着莫斯科子午线飞行至圣大新多的62 h里，月球环绕地球转动了30°，留下了弧形轨迹，这无论如何都会干涉月球之上的观测者所看到的航行轨迹。还有，地球环绕太阳转动会影响在太阳上观察飞机航行时观察到的轨迹。

"单个物体的运动是不存在的，只有相对的运动。"恩格斯在《自然辩证法》中这样说道。

我们通过对上面这个题目的探讨，会对此确信不疑。

13. 传动带

【题目】在技校的实习学生完成某个操作项目后，一位工人师傅跑过来留给学生一道题：

师傅讲："我们这个车间的三台新设备需要装传动带，不过以前的皮带都安装在两个轮上，这次要把传动皮带安到三个轮上。"说完，师傅拿出了传动装置图让大家看（图138）。

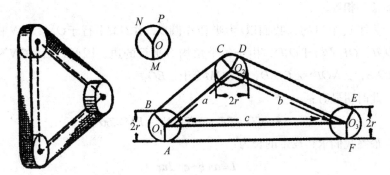

图138 传动皮带及皮带轮示意图

如何依照图中标示的尺寸求出皮带长度？

师傅又说："三个轮的尺寸、直径、轴与轴的间距均在示意图中标注了。在已知这些数据的条件下，如何不加测量而尽快确定皮带长度呢？"

学生们个个眉头紧皱，思索起来。不久，有个学生道："我发现，问题的关键是图中并未注明传动带绕各个轮的弧长AB、CD及EF。要知道各个弧长我们就得先确定和它相对的中心角的度数，我认为，如果不提供量角器就无法解答该题。"

"你说的这些角度用图上标注的尺寸，借助三角函数与对数表都能求出，不过，那样的话就显得既复杂又烦琐。无须借助量角器，不需要一一计算各个弧长，仅需求得……"

"仅需求得全部弧的总长度即可。"受到启发的几名学生抢答道。

"既然大家都明白了，那么，就都回去吧，别忘了明天带结果给我。"

朋友们，先别急着去想学生会给工人师傅带来什么样的计算结果。

通过师傅的点拨，你也可以单独解答出这道题目。

【题解】求解皮带长度的确不难，在轮的轴心间距之上加一个轮的周长即可。假设皮带长L，则有：$L+a+b+c+2\pi r$。与皮带接触的弧长之和与皮带轮的周长相等，这一步，大多数学生分析、判断出来了，不过，能求证这一点的学生却不是全部的学生。

师傅收到的作业中解题依据充分并且步骤简洁的是下面这份：

设BC、DE与FA同皮带轮相切，过各个圆心作至各个切点的直线。因为三个轮的半径相同，所以O_1BCO_2、O_2DEO_3与O_1O_3FA均为矩形，那么，$BC+DE+FA=a+b+c$。剩下求证弧长之和$AB+CD+EF$和每一个皮带轮的周长均相等。

为了这个目的，我们以r为半径作圆O，作OM平行于O_1A，ON平行于O_1B，OP平行于O_2D，由于每个角均有平行的边，因此，$\angle MON$等于$\angle AO_1B$，$\angle NOP=\angle CO_2D$，$\angle POM$等于$\angle EO_3F$。

此时明显有：

$$AB+CD+EF = MN+NP+PM=2\pi r$$

最终我们求得皮带的长为：

$$L=a+b+c+2\pi r$$

该方法还能用于求证，不仅是三个直径相同的皮带轮，就是任意数量直径相同的皮带轮，皮带长都等同于轴心距的和与一个皮带轮的周长。

【练习】如图139，将传送皮带装到四个直径相等的滚轴上（中间有间隔的滚轮，由于不影响我们求解题目所以图中不显示），用图中给出的比例尺测量并求出传送皮带的长。

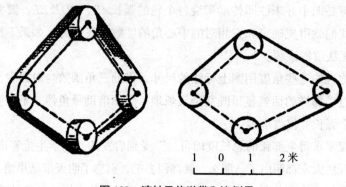

1　0　1　　2米

图139　滚轴及传送带和比例尺

14. 乌鸦喝水

大家上小学时大多学过"乌鸦喝水"这篇课文，说有只口渴难忍的乌鸦，发现了一个有水的罐子，但是由于水罐太高，乌鸦够不着水。于是，乌鸦就从远处衔来小石子放到罐子里，随着石子的增加，水位逐渐上升了，乌鸦终于喝到了水。

　　我们在此并不想探讨乌鸦的智商高低，我们要从几何学方面来关注这篇课文。由这篇课文我们想到了这么一道题。

　　【题目】假设水罐内的水仅为水罐容积的一半，乌鸦可不可以喝到水？

　　【题解】认真读题后我们应该明白，乌鸦的办法不是在任何水位的情况下都可行的。

　　为了能清楚地说明问题，我们设定这个水罐形状是方柱形，并且假设小石头为大小相同的球状。不难理解，当水占据的体积大于小石头缝隙间的体积时，水位自然就会上升：在这种情况下，随着乌鸦衔来的小石头数量递增，罐底都已让小石头塞满了，水位就会被抬高了。我们来求解一下小石头缝隙间的体积为多少。既实际又好用的办法是在一条垂直的直线上——摆好小石头。设小石头的直径为 d，则其体积 $V = \frac{1}{6}\pi d^3$，于是其外切立方体的体积为 $V = d^3$。二者相差的 $d^3 - \frac{1}{6}\pi d^3$ 即为未被填满的体积。

　　二者的比是：

$$\frac{d^3 - \frac{1}{6}\pi d^3}{d^3} \approx 0.48$$

　　也就是说，每个立方体没有充满的部分为它体积的48%——水罐里全部缝隙体积加起来不到水罐容量的一半。即使水罐不呈方柱状，小石头也非球状，状况也不会好到哪里去。不管在何种条件下，我们都应相信，如果罐内的水不足其容量的一半，乌鸦根本无法用衔来的小石头让罐内的水上升到可以够得着的部位。

　　即使乌鸦力大无比足以摇动水罐，让罐里的石头之间不留任何缝隙，也仅能让水位上升一倍多点。但是，很显然乌鸦无法完成这样的工作，如果小石头投放得稀稀疏疏，更无法避免上面的结论。而且，通常水罐都是中间部分粗，这样的话也会影响水位的上升高度，况且也能进一步验证我们上面结论的正确性：若是水量不足水罐容量的一半，乌鸦是无论如何也喝不到水的。

第十章

无须测量和计算
的几何学

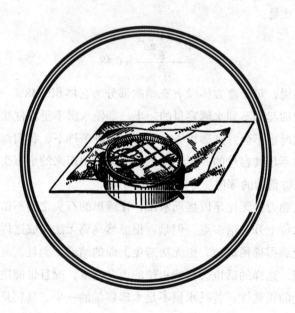

1. 几何作图

用几何作图法求解几何题时，一般都要借助直尺和圆规。下面大家一起来讨论那些看上去需用圆规求解的问题是如何在不借助圆规的条件下求解的。

【题目】不借助圆规，由已知半圆外的点A（图140左）引出BC的垂线。图中并没有显示出半圆的中心点。

【题解】我们都知道三角形各边上的高会交于一点，掌握这点对我们有很大帮助。连接AB和AC，分别交圆弧于点D、E（图140右）。如此，$\triangle ABC$中的BE和CD便为该三角形的高，相交于点M。那么向BC引一条垂线，同样将BE和CD相交于点M。过点A和M作一条直线，就意味着我们按题目的要求解出了该题。

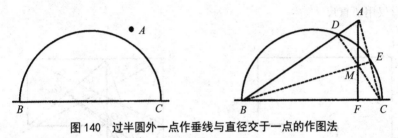

图 140　过半圆外一点作垂线与直径交于一点的作图法

若点A位于未知垂线落在直径的延长线上（见图141），那么解答此题的前提是整圆而非半圆。这道题的解法和上边的题目没有什么大的不同，不过是三角形的每条高交于圆外而不是上边题目中的圆内了。

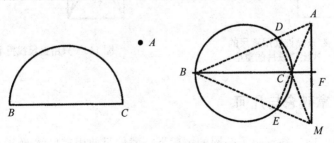

图 141　过半圆外一点作垂线与直径延长线相交于一点的作图法

2. 重心

【题目】我们都清楚，匀称的长方形或菱形铁片的重心是其对角线形成的交点，三角形铁片的重心是其中线交点，圆形铁片的重心是其圆心。那么观察图142，该铁片由两个任意矩形构成。要求不用直尺，不进行任何测量和运算求出此铁片重心。

【题解】作DE的延长线和AB交于点N，作FE的延长线和BC交于点M（图143）。将该铁片分成两个矩形$ANEF$和$NBCD$，其重心分别为对角线的交点O_1和O_2。此时我们可知铁片的重心在O_1O_2连线上。将该铁片再次分成两个矩形$ABMF$与$EMCD$，其重心分别为对角线的交点O_3和O_4。此时，铁片的重心位于O_3O_4的连线上。根据上边的两个结论可知，铁片的重心正好位于O_1O_2与O_3O_4这两条直线的交点O。正如题目要求的那样，制作这个图形仅用了直尺。

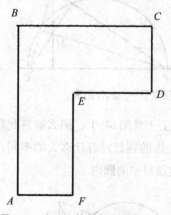

图 142　在只允许使用直尺的
条件下，找出该铁片的重心

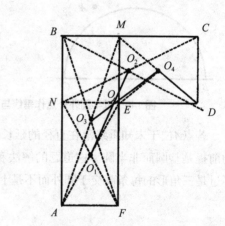

图 143　只用直尺找重心

3. 拿破仑与几何

第1节中，在给出了圆周的情况下，我们只使用直尺就做出了图。下面，我们一起来讨论一些题目，要求和第1节中刚好相反：仅用圆规而不得使用直尺。其中一道题让拿破仑觉得很有意思（大家应该很清楚他爱好数学的事），他看完马克罗尼著述的讲解这种类型作图法的书后，告诉了他们国家的数学家如下一道题。

【题目】在不使用直尺的情况下四等分已知圆心位置的圆周。

【题解】如果要求四等分圆O（见图144）。以圆周的A点为起点顺着圆周作三次圆的半径，做出点B、点C及点D。很明显，圆周的$\frac{1}{3}$弧的弦为AC，它同样是内切等边三角形的某条边，所以设半径为r，则有$AC = \sqrt{3}r$。很明显，圆周的直径为AD。用AC长作为半径，过点A与点D引出交点为M的弧线。此时MO长为内切正方形的边长。△AMO的直角边

$$MO = \sqrt{AM^2 - AO^2} = \sqrt{3r^2 - r^2} = \sqrt{2}r$$

和圆内切正方形的边长等长。接着，用圆规以MO为长在圆周上截取四个点，确定圆内切正方形的四个顶点。这四个点即为将圆周四等分的点。

【题目】不使用直尺，把AB（图145）扩大五倍或扩大到其他给定的倍数。

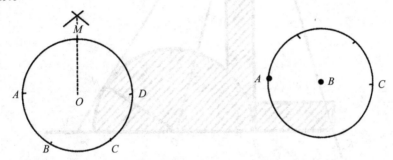

图144　以圆规四等分圆周　　　　图145　仅用圆规将 AB 扩大数倍

【题解】用AB长作为半径，以点B为起点作一个圆周。从点A开始在圆周上以AB为长截取三次；我们有了点C，此点和圆周直径上的另一点A对应。AC=2AB。用BC长作为半径，将点C当作圆心划出一圆周，以该法可得到和点B在圆周直径上同点B对应的点，这个点和点A相距较远，为AB间距的三倍，以下依此类推。

4. 三分角器

只有圆规和无刻度的直尺是不足以三等分角的，但是可以用其他的量

具协助完成这项工作。为了实现这个目的，人类创造出了众多机械类的器具，统称为三分角器，可以协助制图。

图146给出的三分角器和实际中的大小较为接近（图中阴影部分）。和半圆相接的AB等长于圆的半径且$BD \perp AC$；BD与半圆的切点为B，BD长度无限制。从图146中还能发现三分角器的用法，比如三等分$\angle KSM$。

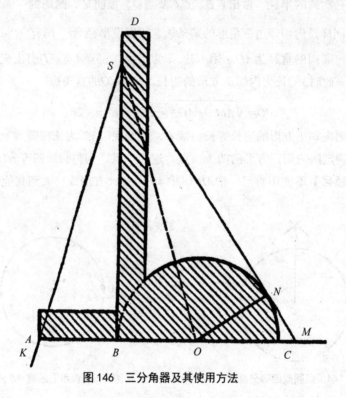

图146 三分角器及其使用方法

第一步，令$\angle S$的顶点和BD重合，让角的一个边经过点A，另外一个边与半圆[1]形成切点N。第二步，作直线SB和SO，三等分该角的线就做好了。为了验证我们作图方法的正确性，可以先连接ON。显然，$\triangle ASB \cong \triangle OSB$，$\triangle SBO \cong \triangle SNO$。由以上信息我们可以得到：$\angle ASB = \angle BSO = \angle OSN$，要求证的是这个。

上面我们给大家介绍的三等分三角形的办法用的并不是纯粹的几何

---

[1] 可将我们制作的三分角器放到已知的角中，源于三等分角的每个点和各条线都有一个明显的特征：如果从SO线的点O作线段ON垂直于SN与OA垂直于SB（见图146），于是就有$AB=OB=ON$。要证明这点并不难，大家可以自行求证。

学，最多算得上机械法。

5. 时钟分角器

【题目】如何用圆规、直尺及时钟三等分已知的角？

【题解】第一步，将已知的角复制在透明的纸上，此时令时钟的时针和分针位置重合。第二步，把复制有已知角的透明纸覆盖在表盘上，令已知角的顶点和两根针绕着转动的轴心重合，并令已知角的一条边和时钟的时针与秒针重合（图147）。

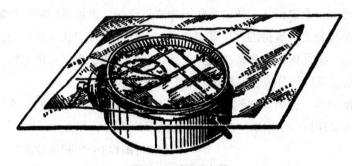

图 147　时钟分角器

当绕着旋转轴移动的分针和已知角的另一条边位于同一条直线时（可以用手拨弄分针），顺着时针的走向由已知角的顶端作一条直线。于是，就会出现与时针运动轨迹形成的角同样大的角。然后，我们在圆规及直尺的帮助下将上面的角扩大1倍，再扩大1倍（扩大角度的方法可参考几何学教材）。这样得出的角度恰好是所给角的 $\frac{1}{3}$ 。

其实时针在一段时间旋转的角度为分针的 $\frac{1}{12}$ ，那么，分针每转过 α 角，时针就转过 $\frac{\alpha}{12}$ 角。把它扩大四倍，扩大后的角度为 $\frac{\alpha}{12} \times 4 = \frac{\alpha}{3}$ 。

6. n 等分圆周

【题目】爱好无线电，设计、制作及加工模型的人，在实践中有时会碰到各种各样的问题，他们不得不竭尽全力去寻找解决的方法。如果给你一块铁片，让你在上面剪出指定边数的正多边形，该如何做？这道题目也可归结成这样：试着n等分圆周并令n为整数。

【题解】我们暂时将量角器解题法搁置，因为它仅是一个"目测"解题法。下面我们要在用圆规及直尺求解几何题目的方面加深探索的力度。

从理论上讲，依靠圆规与直尺能把圆周分成几等份呢？其实这个问题从数学方面而言已经在很早以前就得出了结果：

能分为2，3，4，5，6，8，10，12，15，16，17，…，257，…等份。

不能分为7，9，11，13，14，…等份。

但还有一个遗留的问题就是作图方法不统一。比如我们将一个圆周分为15等份与分为12等份的方法就不相同，而且方法多得让人难以记住。现实需要用一个几何方法来解决此类问题，即使仅能求出近似值也行，不过必须是能将圆周等分成任何数量的既实用又简单的方法。

可惜的是，这个问题到目前为止并未引起教材编写者们的注意。我们在此同大家探讨一个求解这类题目近似结果的几何学方法。

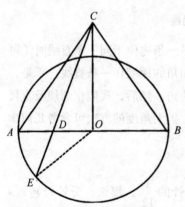

图148　以几何方法 n 等分圆周

比如将图148中的圆周分成九等份。

以圆周的任意一条直径AB作为其中的一条边作等边△ACB，过点D根据AD:AB=2:9（通常按AD:AB=2:n）之比把直径AB分成AD及DB两个部分。连接CD并延长，和圆周交于点E。此时弧长AE约等于圆周的 $\frac{1}{9}$（通常情况下，$AE = \frac{360°}{n}$），或者说内切正九边形其中的一条边正好为弦AE。误差值约为0.8%。如果要表示用此法做出的圆心角∠AOE和把圆周分成的份数n之间的关系，则可用下式：

$$\tan \angle AOE = \frac{\sqrt{3}}{2} \times \frac{\sqrt{n^2 + 16n - 32} - n}{n - 4}$$

假如n比较大，就可以用另一个求近似结果的公式取代该公式：

$$\tan \angle AOE \approx 4\sqrt{3}(n^{-1} - 2n^{-2})$$

另外，把一个圆周标准地等分成n等份时，$\angle AOE = \dfrac{360°}{n}$。通过对比

$\dfrac{360°}{n}$和$\angle AOE$，我们就不难发现运用上面的方法带来的误差。

以下是与等分数量n相关的一些数值。

n	3	4	5	6	7	8	10	20	60
$\dfrac{360°}{n}$	120°	90°	72 °	60°	51°26′	45°	36 °	18 °	6 °
$\angle AOE$	120°	90°	71° 57′	60°	51° 31′	45°11′	36°21′	18° 38′	6° 26′
误差%	0	0	0.07	0	0.17	0.41	0.97	3.5	7.2

上面的这张表显示，借助上面我们介绍的方法可将圆周等分成5等份、7等份、8等份或10等份，而且同别的方法比较起来误差也不是特别大，仅有0.07%～1%。在实际中的多数情况下，这种误差在可接受的范围内。不过，由于n值的不断递增，这一方法的误差也将越来越大。但是研究证明，不管n值怎么增加，误差都不会超过10%。

7. 台球的另一种打法

玩台球期间，如果想使被击的台球不是简单地沿着直线坠入球袋，而是想让台球与台球桌一边、两边或是三边碰撞反弹后落入球袋，这样的话，你就得先在脑子里演练一遍。

关键是要借助"目测法"准确找出台球首次撞击桌边时的那个点。在质地较好的台球桌上，反弹定律（入射角同反射角相等）决定着富有弹性的台球的运动轨迹。

【题目】观察图149，要想让位于球桌中央的台球在与桌边三次撞击后落入右侧的A袋，需要借助哪些几何知识帮你确定击球的方位？

【题解】你不妨这样联想，在你的台球桌周围有三张一模一样的台球桌并排放着，然后用力将球朝第三张台球桌上最远处的那个球袋击去。

图150能让我们弄清楚这一切。$OabcA$为台球受力后的运动路线。若是我们将"台球桌"$ABCD$沿着CD翻转180°，此时台球桌落在了图中的Ⅰ，

然后沿AD翻转，沿BC再翻转，此时台球桌将到达图中的Ⅲ处。于是，球袋A就运动到了A_1。

图149　台球、台桌及台杆

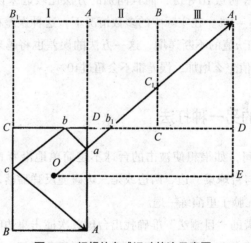

图150　幻想的台球运动轨迹示意图

很明显图中出现了全等三角形，根据这一点可知$ab_1=ab$，$b_1c_1=bc$，$c_1A_1=cA$。也就是说，线段OA_1和$OabcA$等长。

因此，在你联想着将球击向A_1时，球就会沿着$OabcA$运动，这样一来，球自然就落入袋中去了。我们还要考虑清楚下面这个问题：能让Rt△A_1EO里的OE及A_1E两条边相等的条件是什么呢？

我们不难确定，条件是$OE = \dfrac{5}{2}AB$以及$A_1E = \dfrac{3}{2}BC$。若$OE=A_1E$，则有

$\frac{3}{2}BC=\frac{5}{2}AB$ 或 $AB=\frac{3}{5}BC$。

这样一来，若台球桌短边是长边的 $\frac{3}{5}$，则有 $OE=EA_1$；此时，你可以以与桌边夹角为45°的方向击打位于台球桌中心的球。

8. 用台球解题

上节我们利用几何作图法解答出了打台球的问题，下面我们要借助台球求解题。

这是真的吗？要知道，台球可是没有思维能力的！

这是真的，但是，在掌握了已知条件的来源和计算流程后，后面的计算工作完全可以让机器去完成了。此项工作台球非但能完成，还能算得又快又准。

由此，人类制造出了各种各样的运算工具，诸如四则运算器、电子计算机。

人们在空闲时经常拿下面这类题目来做游戏，比如利用另外两个容积已知的容器从另一个容量已知的满容器内倒出一些水。

以下就是众多这类题目中的一道题目。

有一只装满水的12 L空桶以及两只容量分别为9 L、5 L的空桶，现在需要把12 L水分成相等的两份，该如何做？

求这样的题目，你无须真的去这么做。所有的操作过程你都可按照下面这张示意图在纸上操作：

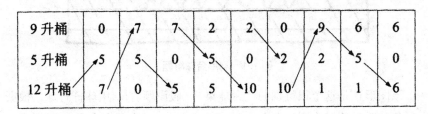

9升桶	0	7	7	2	2	0	9	6	6
5升桶		5	5	0	5	0	2	2	5	0
12升桶	7	0	5	5	10	10	1	1	6

该表的各个栏目内记录的都是各次的倒水情况。

栏目一：用12 L桶里的水灌满5 L桶，9 L桶空着（0），12 L桶中剩7 L水；

栏目二：将12 L桶里的剩余水倒进9 L桶里。

依次类推。

该示意图有9栏，也就是说要求出该题，最少需要倾注9次水。你可以尝试着用别的倒水方式来寻觅解答这道题的办法。

通过不断的探索和实际操作，你肯定会找到别的解题途径，毕竟上面示意图中的倒水方式也不是唯一的解题方法，只是在按照别的程序走时，倒水的次数会多于9次。

正因为这样，搞清楚下面的两个问题对我们是大有帮助的：

一，能不能将灌水的程序固定下来，不管条件如何变化，也不关心给出的容器的容量有多大，均使用该程序？

二，可不可以从一只容器内往另外两只空容器倾倒任意数量的水，如从装有12 L水的容器向9 L和5 L的空桶倾倒1 L或2 L水，或者3 L、4 L甚至是11 L水呢？

如果我们为台球发明出一张很特别的台球桌，那么台球就能帮你解答所有的这类问题。

拿一张纸做出众多的斜线小格子，而且所有的斜格子均是相等的菱形，它的锐角为60°，接着按照图151做出图形OADCB。

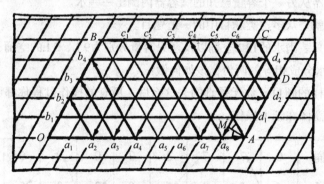

图151　利用台球解题

该图形正是这个很特别的"台球桌"。假设顺着OA用球杆打球，根据入射角和反射角相等的定律（$\angle OAM = \angle MAc_4$），台球会由桌边$AD$反弹，顺着菱形顶端的各条直线$Ac_4$向前，在点$c_4$与台球桌$BC$边发生碰撞，接着顺着$c_4a_4$向前，然后，顺着$a_4b_4$，$b_4d_4$，$d_4a_8$等直线向前，以此类推。

通过审题，现在摆放在我们眼前的有三只桶：容量分别为9 L、5 L及

12 L。与此对应我们将图做成如下的样子：在OA上作9个一样大的菱形格子，在OB边上作5个一样大的菱形格子，而在AD则有12-9=3个一样大的菱形格子，在BC边上有12-5=7个一样大的菱形格子[1]。

很明显，图上的各条边上的各个点均被OB与OA边之上的相应数目的菱形格给分开了。例如，由c_4点到OB边排列着4个菱形格子，到OA边排列着5个菱形格子；由a_4点到OB边排列着4个菱形格，而到OA边上时排列着0个菱形格子（因其位于OA上）；自d_4点到OB边排列着8个菱形格子，到OA边排列着4个菱形格子，等等。那么，台球撞向图形边时其上各点均决定着两个数字。

如果两个数字中的首个数字是把点同OB边分开的格子数，代表9 L桶里的水量，那么第二个数字是把该点同OA边分开的菱形格子的数目，代表5 L桶里的水量。其他的水显然正是12 L桶里剩余的水。

这个时候，借助台球求解题目的准备工作就都做好了。

顺着OA边击台球，就如同我们前面讲的一样，在台球同台球桌上的各个点发生碰撞后，你会发现台球都会直接滚至点a_6，如图151所示。

第一个撞击点为A（9；0），于是第一次倒水时按下面的要求来分配：

9升桶	9
5升桶	0
12升桶	3

第二个碰撞点为c_4（4；5），于是第二次倒水时按下面的要求来分配：

9升桶	9	4
5升桶	0	5
12升桶	3	3

第三个碰撞点为a_4（4；0），于是：

---

[1] 灌满水的桶应该一直是三只桶里最大的一个。如果空桶的容积分别为a和b，灌满水的那只桶容量达到了c。倘若$c \geqslant a+b$，此台球桌就该做成边长分别为a和b的平行四边形。

9升桶	9	4	4
5升桶	0	5	0
12升桶	3	3	8

第4个碰撞点为b_4（0；4），于是：

9升桶	9	4	4	0
5升桶	0	5	0	4
12升桶	3	3	8	8

第5个碰撞点为d_4（8；4），于是：

9升桶	9	4	4	0	8
5升桶	0	5	0	4	4
12升桶	3	3	8	8	0

我们接下去仍然依据台球同台球桌边沿的撞击情况来开展灌水程序，就有了如下的表：

9升桶	9	4	4	0	8	8	3	3	0	9	7	7	2	2	0	9	6	6
5升桶	0	5	0	4	4	0	5	0	3	3	5	0	5	0	2	2	5	0
12升桶	3	3	8	8	0	4	4	9	9	0	0	5	5	10	10	1	1	6

进行完诸系列倒水程序之后，我们的目的就达到了：两个桶里均有6 L水。借助台球解出了该题。

但是，利用台球解答题目并不是太理想。

借助它解答题目前后用了18个步骤，而我们用别的办法只需用9个步骤。

但是，台球也可以简化灌水的程序，如图151所示。顺着OB打球，让它在B点停住，然后，顺着BC再次打球，使台球按照反弹定律运动；灌水的程序就少了。

如果你任凭台球运动下去，过了a_6点后就很容易证实，在一定的条件下，台球将滚过菱形图上所有做过标记的点（通常都是菱形顶端的端点），接下来返回点O。这说明，可将12 L桶内的水往容量为9 L的桶里倾倒1 L～9 L，另外向容积为5 L的木桶倾倒1 L～5 L。

可是，诸如此类题目也许会找不出想要的解法。

台球是如何知道这点的呢？

这不难：在此情形下，台球将不会如你所愿碰到你期待的点之上，却折返到了出发点O。

图152向我们展现出了分别用容量为9 L、7 L的水桶分配12 L水的程序：

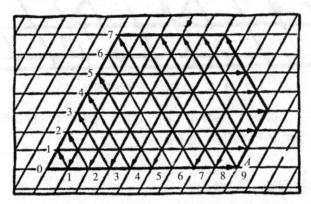

图152　利用台球与台桌边的撞击情况两等分木桶内的水

借助台球解答题目的思路说明，可以从装满12 L水的桶里向容量为9 L和7 L的桶里分装任意数量的水，但不能两等分12 L水。

图153显示的是借助容量为3 L、6 L及8 L的桶解题的方法。在这一灌水程序里，台球同台球桌的边沿发生了四次碰撞后折返点O。

9升桶	9	2	2	0	9	4	4	0	8	8	1	1	0	9	3	3	0	9	5	5	0	7	7	0
7升桶	0	7	0	2	2	7	0	4	4	0	7	0	1	1	7	0	3	3	7	0	5	5	0	7
12升桶	3	3	10	10	1	1	8	8	0	4	4	11	11	2	2	9	9	0	0	7	7	0	5	5

以下互为对应的图和表显示，在这种条件下，是不能将8 L的水均分或是倾倒1 L水的。

6升桶	6	3	3	0
3升桶	0	3	0	3
8升桶	2	2	5	5

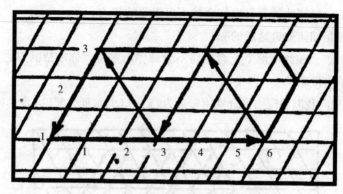

图 153　二等分水的其他解题法

果不其然，这里的"台球桌"同"台球"构造出了一台非常特殊的计算机，求解类似灌水的题型效果不错。

9. 哪些图可一笔做出

【题目】仿照图154，在一张纸上作图，然后试试看一笔下去能否作好这些图。当然，下笔后既不能中断也不可重复。好多人在解答这个题目时都从看似简单的图（d）开始画，可是，他们经过百般尝试后却发现无论如何都无法一笔画出图（d）。相反，图（a）和图（b）虽然看上去很复杂，但是没花什么精力思考就画出来了，更烦琐、更复杂的图（c）也很快找到了一笔做出的方法。最终的结果是，（a）、（b）、（c）三个图是可以的，而看似简单的（d）和（e）无论如何都不行。

是什么原因让有些图能一笔做出而另一些图却不能呢？难道是因为我们在某些时候失去了创造力？还是有些图形根本就无法一笔做出呢？碰到这样的情形，可不可以依据图本身存在的一些特性断定哪些图能一笔做出，哪些图又不能呢？

【题解】我们将图形线的相交点称为"交点"。偶数条线的交点名叫偶交点，奇数条线的交点名叫奇交点。图形（a）中各个交点均为偶交点，图形（b）中交点A和B为奇交点，图形（c）中奇交点的位置在横贯图形的两个端点上。图形（d）和图形（e）各有四个奇交点。

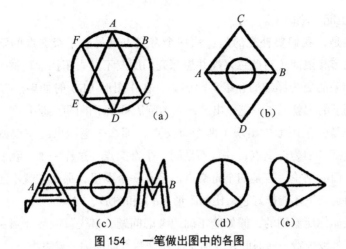

图154 一笔做出图中的各图

下面先来看看交点全都是偶交点的图形比如图形（a）。我们随意选一点S开始作图，过点A时一定会做出两条线，其中一条接近点A，另一条远离点A。此时出入各个偶交点的线条数都相同，于是，我们的笔一次次由这个交点运动至另一个交点，没有作的线条数就少了两条。因此，描完全部线条后，就返回到了S点。

不过，如果我们回到点S就没有出路了，但是，在图形（a）中还有一条来自我们曾经经过的点B的线没有作，于是我们不得不改变路线将笔移动到交点B，补上漏作的线条，到点B之后继续原路前行。

接下来，如果我们以下面的顺序去画图形（a）：第一步，沿△ACE的三条边作图，第二步，返回点A，顺着圆ABCDEF作图。因为这个时候仅余下△BDF没有作，于是笔在远离交点B并且做出弧BC之前必须先作△BDF。

总的来说，若图中的交点都是偶交点，无论你选择由图中的哪点起笔，都能只用一笔就作好图，而且作图的终点就是起点。

下面我们再来看看有两个奇交点的图形比如图形（b）。

此类图形依然能一笔做成。

现在由首个奇交点处开始，沿着任意一条线到达另一个奇交点。比如沿着折线ACB自点A作图至点B。作完该线段后，等于各个奇交点都少了一条需要做的线，换个角度的话就相当于图形中并没有这一条线。这样，两个奇交点就变成了偶交点，那么此时图形中剩下的全是偶交点。

正像我们前面讲的那样，此类的图形都能一笔做出，因此，图形

（b）也能一笔做出。

但是，我们要补充的是：从一个奇交点到另一个奇交点的路线不能与原图形相隔离（对此感兴趣并想深究的朋友不妨去拓扑学教材去找与该问题相关的更为详细的介绍）。例如，在作图形（b）时如果沿着 AB 去画线，剩下的图就无法一笔做出了，因为圆周被余下的图隔离开了。

若是一个图形中出现了两个奇交点，那么一笔做出的关键就是起点和终点都必须为奇交点，并且不是同一个奇交点。这样一来，我们就不难得到下面的结论，若是四个奇交点出现在一个图里，那么它就不能一笔做出，而是两笔才能作好它，比如图形（d）和图形（e）。

正如你所看到的，假如能正确地考虑问题，事先就能估计到一些状况的话，可以少费一些时间，几何学能在这些方面助你一臂之力。

或许，我们探讨的这些话题使读者有些疲惫，但辛劳总会有好处，解答该类题目时，几何学会带来很好的效果。

你总会先行判定已知的图形能不能一笔做成，你甚至都清楚由哪一点起笔。

而且，你都能随便给你的好友出几道类似的题目，而让他们想方法一笔做出。

在结束我们的讨论之前，你可以试着将图155中的两个图形一笔做出来。

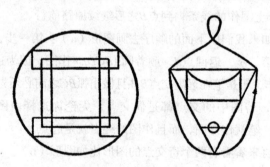

图 155　可一笔绘就的图

10. 七座桥

约200年前，柯尼斯堡（今加里宁格勒）的普列格尔河上，有七座连在一起的桥（图156）。

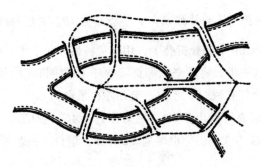

图156　七座互联的桥

　　早在公元1736年，30岁上下的数学家欧拉便热衷于这样一道题：一个在加里宁格勒散步的人，每座桥仅走一遍的话能走完所有桥吗？

　　很明显，此题和我们刚学过的上一节的一笔作图题目类似。

　　把过桥的路线做出，得到了图156中的虚线部分。结果我们发现，这图与上一节的图154（e）相仿，有四个奇交点。于是散步者座座桥都仅走一遍，是不可能过完所有桥的。大数学家很早就懂得了这个道理。

11. 拿几何学开玩笑

　　在你掌握了一笔作图的技巧后，你就能对朋友说你能够笔不离纸，一笔做出具有两条直径的圆（图157）。你心里当然明白这是不可能的，但是，你却可以把这种不可能变成可能。

图157　开几何学玩笑

现在从点A起笔作圆并画完$\frac{1}{4}$，也就是弦AB。之后另取一页纸放在点B（或将作图纸的下半部分折叠），用笔尖将另外一个半圆描到与点B对应的点D。到了这一步，将后来的那页纸拿开（或将折起的部分铺平），于是在第一页纸上仅有弦AB，不过，笔却停在了点D。

作完图很容易：做出弦DA，之后作直径AC、弦CD、直径DB以及弦BC。当然，画法不唯一，你也可从点D作图。请自己去思考该怎么画吧。

12. 验证正方形

【题目】有个裁缝想要知道他裁剪的布料是否为正方形。他选取的方法是顺着对角线折叠了布料后再次沿对角线折叠，他检查看到四条边是重合的。请问他的验证方法可取吗？

【题解】他的这个办法仅能说明这块方形布料的四条边一样长。而在凸角四角形中，正方形和菱形都具有这样的特征，不过四个角均为90°的菱形才为正方形。因此裁缝用的方法不可取。实际上，他应该目测一下，观察布料的各个角是不是90°，比如顺着布料的中线继续对折，观察那些角是不是相互重叠。

13. 特别的棋赛

玩这个游戏需要一张方形的纸，以及相同形状的对称小物件充作的棋子，如多米诺骨牌或同面值的硬币、火柴盒等均可。充作棋子的物品数量一定要足够铺满棋谱。

此游戏适宜两个人玩，玩游戏的人可顺次将任意位置的棋子一一落在空缺处，直到没处落子。

棋子不可挪动，最后落子者胜。

【题目】想出先行人胜的方法。

【题解】先行者首先得占领棋盘中心，棋子的对称中心要同棋盘的中心尽量重叠；之后的棋子要落在和后行者棋子相对应的地方（见图158）。

图158 几何学游戏，最后落下棋子的为胜者

　　照这种下法，率先落子者都能找到落子的位置，他肯定能够胜出。这个游戏的几何原理在于：四边形的对角线相交于一点，在几何学上称对称点。每一条经过该点的线段均被两等分，同时图也被这些线段两等分。这样的话，四边形中除了对角线交点，其他点或场都有关于对角线交点的对称点或对称场。

　　据此我们不难得出，倘若先行者占据了居中位置，无论后行者将棋子落在何处，在方形棋谱上均能发现与对手落下的棋子相对称的落子点。

　　这源于对手次次都必须主动选择棋子的落点，因此，在棋谱上就不会有对手最后落子的地方，那么，第一个落子的人当然能赢。

第十一章

几何学中的大和小

1. 27 000 000 000 000 000 000 个怎样的物体才能被装到 1 cm³ 的空间中

题目中出现的大长串数字如何读呢？有的人读成27万亿，有的人（一般是财务人员）读作27艾（可萨），而有些人则对它的写法做了改变，将其写作27×10^{18}并将它读作"二十七乘以十的十八次方"。

我们一起来探究一下在1 cm³空间内到底盛得下27×10^{18}个何种物品。

答案是空气微粒。我们离不开的空气同宇宙中的其他物质一样都是由分子构成的，现如今物理学家已探明，在零度情况下我们周围的空气中每1 cm³（大小如同顶针）有27×10^{18}个分子。这恐怕连幻想家也无法想象出达到了何种情形，宇宙里还有什么东西可与之相提并论呢？难道是地球上的人？这并不正确，世界上约有50亿人（50×10^9人），1 cm³体积内的空气分子数量要比这个数字大54亿倍。为了直观点，我们来举个实例。假如我们有架望远镜可以观测到星空里所有星球，它们也如同我们的太阳一样四周被行星环绕，各个行星也犹如地球一样有着诸多的原住民，可是这样也无法与1 cm³空气中的空气分子数量相比。若你企图计算出那些空气分子，即使你马不停蹄地数，即使每分钟可数出100个，数完也得用掉起码五千亿（5×10^{11}）年。

即便数字比这小些，那也是不可思议的。如果有人说有可将物体放大1 000倍的显微镜，你会产生何种联想？也许我们对1 000的概念有所了解，可是显微镜可将物体扩张1 000倍却是我们无法在现实生活中轻易体验到的，即使我们有机会在显微镜下见到被放大了1 000倍的物

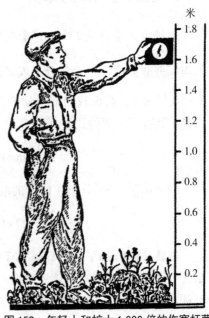

图159 年轻人和扩大1 000倍的伤寒杆菌

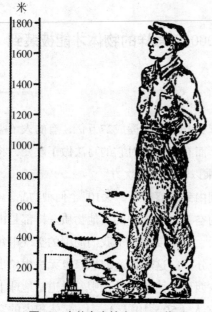

图 160　人的身高放大 1 000 倍后

品，我们也很难想象出它被缩小 1 000 倍后的情形。若让我们位于 25 cm 外观测被放大了 1 000 倍的伤寒杆菌，我们看它们的大小和蚊虫相仿（图159）。但是真实的杆菌到底微小到何种程度？我们不妨换个思维方式，幻想着你与杆菌同时扩张了 1 000 倍。那时你的身高将变为 1 700 m！你和云一样高，满目都是美丽的云彩，无论新砌的摩天大楼多么巍峨雄伟，都不及你的膝盖（图160）。你真实的身高与你幻想的身高之间的差距，便为杆菌和蚊虫间的差距。

2. 压力与气体的体积

也许有人会认为 27×10^{18} 个空气分子在 1 cm^3 的空间内会很拥挤。然而事实并非如此，一个氧分子或氮分子的直径只有 $\dfrac{3}{10\,000\,000}$（也可写成 3×10^{-7}）mm。假设我们把与分子直径相同的立方单位当作分子的体积，于是，就有了下面的式子：

$$(\frac{3}{10^7} \text{ mm})^3 = \frac{27}{10^{21}} \text{ mm}^3$$

27×10^{18} 个分子分布在 1 cm^3 的范围内，则全部分子的体积大致为：

$$\frac{27}{10^{21}} \times 27 \times 10^{18} = \frac{729}{10^3} \text{ mm}^3$$

也就是约 1 mm^3，只为 1 cm^3 的千分之一。其实，凝聚在一起的分子并不是处于静态的，而是在不停地飘移，在自己占据的空间中不断地移动。由此可见，正是因为分子存在活动区域，导致分子间距超出分子直径的好多倍。

　　氧气、二氧化碳、氢气、氮气同其他的一些气体在工业上用处广泛，需要拥有大量的存储容器存放这些气体。例如，1 t氮气在常规压力下体积为800 m³，即要用8 m×10 m×10 m的容器储存1 t氮气。同样的，得用1 000 m³的容器贮存1 t氧气。

　　那么有没有办法让空气间的间隙变小呢？工程师的做法是利用压缩让气体体积变小。然而，这样做并非轻而易举，毕竟力的作用是相互的，容器给气体施加多大的压力，气体也会将同样大的压力施加给容器。因此，在制作容器时它的四壁一定要耐压，还得注意不能让气体发生化学反应将容器腐蚀。

　　合金钢制作的容器，不仅耐压、耐高温，还能抵御各种气体发生化学反应时的腐蚀。

　　现在，工程师能有效地将氢气体积压缩到其原来的 $\dfrac{1}{1\,163}$，这意味着，以前给1 t氢气加一个大气压后其占据10 000 m³的空间，而现在约9 m³的钢桶就容纳得下了（图161）。

　　那么，要想将氢气的体积压缩到原体积的 $\dfrac{1}{1\,163}$，须给氢气施加多大的压力呢？

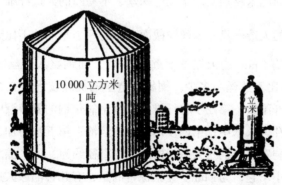

图161　1吨氢气加一个大气压（左侧）与加5 000个大气压的体积

　　我们在物理上学过，增加压力几倍，气体的体积就能压缩至原来的几分之一，这样一来，你就立马会答道：往氢气上施加的压力增大了1 163倍。然而实际上，给钢桶里的氢气施加的压力为5 000个大气压，也就是说并非增压1 163倍，而是5 000倍。这是由于，当压力不大的时候，气体体积同压力之间的确成反比例关系，但如果压力很大，该条定律就失效了。举个例子，对1 t氮气施加1 000个大气压，其体积就会收缩至1.7 m³；但假设持续增大压力至5 000个大气压（或是说将压力增至5倍），氮气体积也只收缩至1.1 m³。

3. 人造纤维

不管细线、铁丝还是蛛丝的横断面怎样细小，它们终归是以一定的几何形态存在的，而且多为圆形。一根蛛丝横截面的直径约为5 μm（0.005 mm）。还有比这更细的东西存在吗？最巧的"织女"是蜘蛛还是蚕呢？当然不可能是蚕，因为蚕丝的直径约18 μm，是蛛丝的3.6倍。

从古至今，人类就幻想着超越蜘蛛和蚕的技术。大多数人听说过有关希腊织女阿拉克涅的传说。据说她织布的技术非常精湛，她织的布缝出的衣物，薄得像蛛丝一般，透明度跟玻璃一样，轻得如同空气，故事里讲，她的技术甚至超越了希腊的智慧女神和手工艺守护神雅典娜。

这个故事，与其他远古时代流传下来的民间故事和传奇相似，不过这一切现在都已变成了现实。化学工程师就是现在技如阿拉克涅的巧织女，是他们将普通的木材加工成了细过蛛丝、不易断的人造纤维，比如借助铜氨法加工出的人造丝只有蛛丝横截面直径的$\frac{2}{5}$，牢固性不比天然丝逊色。横截面积仅有1 mm²的天然丝承重为30 kg，而铜氨人造丝的这一数据为25 kg，并不比天然丝小多少。铜氨人造丝的提纯技术颇有意思，第一步将木材制成纤维素，第二步将纤维素溶解至氧化铜的氨溶液中；第三步让溶液通过小孔进入水中；第四步用水去除溶液；第五步将加工成的人造丝绕到一定的装置上。铜氨人造丝横断面的直径约为2 μm，醋酸人造纤维丝的这一数据小于它，为1 μm。让人惊奇的是，有几种醋酸人造纤维丝的承重居然超越了钢丝。横断面为1 mm²的钢丝承重为110 kg，而横断面同为1 mm²的醋酸纤维人造丝承重为126 kg。

大家都知道，粘胶人造丝的横截面直径约为4 μm，其横截面为1 mm²时承重能力在20 kg ~ 60 kg。图162所展示的为蛛丝、人的发丝、各种人造纤维及其棉纤维、毛纤维的横截面直径，而图163则是上面那些纤维横截面为1 mm²时的载重也就是强度。人造纤维也叫合成纤维，被誉为现代最重要的发明之一，经济意义重大。大家应该很清楚，棉花的生产周期长，而且其产量也受天气的影响。蚕是天然丝的生产者，但是产量非常有限，其一生能产出的蚕丝仅为0.5 g……

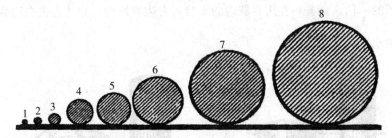

图162　几种纤维的横截面（依次为铜氨人造丝、蜘蛛丝和醋酸纤维人造丝、粘胶人造丝、耐纶、棉、天然丝、羊毛、人发）

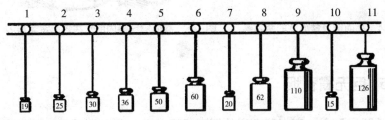

图163　各种纤维的强度（顺序为羊毛、铜氨人造丝、天然丝、棉、人发、耐纶、粘胶人造丝、高强度粘胶人造丝、钢丝、醋酸纤维人造丝、高强度醋酸纤维人造丝）

将1 m³的木材通过化学方法制造出的人造丝数量，顶得上320 000个蚕茧或30只羊一年的产毛量，或7亩～8亩棉花的平均产量。这些纤维可制造出40 000双女丝袜或1 500 m的丝织物。

4. 哪个容积大

在几何学中遇到的问题不再是数目的比较，而是面积同体积相比较，这样一来便让几何学的大小概念变得有些模糊了。小伙伴们不用思考，都知道5 kg大于3 kg，可是面对桌子上摆放的两个容器，要问哪个的容量更大些，大家就无法做到不假思索了。

【题目】图164中的两个容器，左边的高出右边的容器二倍，而右边的容器宽出左边的容器一倍，那么哪个容器容量大？

【题解】经实际测量，左边的要比右边的容量小。这有点不可思议，但是通过计算很容易证明这个结果。右边容器的底面积是左边容器的4倍，右边容器的高仅为左边容器的 $\frac{1}{3}$。换而言之，右边容器的容量是左边容器的 $\frac{4}{3}$ 倍。倘若将左边容器内的水装入右边容器内，只装进去右边容器 $\frac{3}{4}$ 的水量（见图165）。

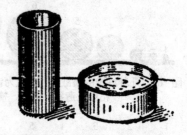

图164　高而窄及矮而宽的两容器　　图165　高而窄容器内的水在矮而宽容器内

5. 巨无霸香烟

【题目】在一家烟草商店的橱窗里展放着一根巨型香烟，其长度和直径均为一般香烟的15倍。如果制作一根普通长度和直径的香烟需0.5 g烟丝，那么制作橱窗中的巨无霸香烟需用多少烟丝？

【题解】$\frac{1}{2}×15×15×15 \approx 1\,700$ g，也就是说生产该支香烟需用1 500 g以上的烟丝（香烟一般都有一截是不装烟丝的）。

6. 鸵鸟蛋、隆鸟蛋和鸡蛋

【题目】图166左右两边是按同等的比例绘出的两只蛋。图右边的是鸡蛋，图左的是鸵鸟蛋（居中的是已经绝迹的隆鸟的蛋，下一节我们再讨论）。大家仔细看图并回答，鸵鸟蛋的体积超出鸡蛋几倍？乍一看，好像它们区别不大。可是，采用几何方法得出的结果会令你惊讶。

图166　鸵鸟蛋、隆鸟蛋及鸡蛋

【题解】通过实测，我们得出的结论是，鸵鸟蛋的长度是鸡蛋长度的2.5倍，这意味着，鸵鸟蛋的体积是鸡蛋体积的 $\frac{5}{2} \times \frac{5}{2} \times \frac{5}{2} = \frac{125}{8}$ 倍，即约15倍。

假设五口之家每人早餐食用三只煎鸡蛋，这意味着，这个鸵鸟蛋完全能让这家人美餐一顿。

7. 隆鸟

【题目】在16世纪前的马达加斯加，生活着一种名叫隆鸟的鸟类，它们产下的蛋长28 cm（图166中间）。普通鸡蛋一般长5 cm，那么在体积方面，几只鸡蛋才顶得上一只隆鸟蛋？

【题解】 $\frac{28}{5} \times \frac{28}{5} \times \frac{28}{5} \approx 170$ 只

170只左右的鸡蛋才能抵得上一只隆鸟蛋的体积。也就是说，一只隆鸟蛋相当于约200只鸡蛋！很容易求得，这些隆鸟蛋单个的重量可达9 kg，可让40人～50人大吃一顿。

8. 尺寸悬殊的鸟蛋

【题目】如果我们将红嘴天鹅和袖珍黄头鸟的蛋相比对后，便会看出这两种鸟蛋在尺寸上存在巨大的差异。

【题解】通过实测，红嘴天鹅的蛋长125 mm，宽80 mm；袖珍黄头鸟的蛋长13 mm，宽9 mm。很显然，它们之间近乎成正比（ $\frac{125}{80}$ 以及 $\frac{13}{9}$ ），于是便有下面的结论，如果我们将这两枚蛋看作几何类似的形体，这样一来，计算出的结果的误差就不会很大。它们的体积比约为：

$$\frac{80^3}{9^3} = \frac{512\,000}{729} \approx 700$$

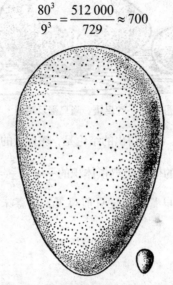

图167　红嘴天鹅蛋和袖珍黄头鸟蛋

由以上的结果不难看出红嘴天鹅蛋体积约为袖珍黄头鸟蛋的700倍。

9. 不破壳测蛋壳质量

【题目】现在有两枚大小不一、形状相同的蛋。规定不得打破蛋而测得蛋壳的重量。那么，该如何度量、称重及计算呢？我们假设两只蛋的厚度相同。

【题解】我们首先测出每只蛋的长径的长度并记为D和d，测出每只蛋的蛋壳质量并记为x和y。因为蛋壳质量与面积是正比例关系，换句话来说，就是和它的直径的平方是正比例关系。而两只蛋壳的厚度相同，于是，我们就可以写出下面的式子：

$$x : y = D^2 : d^2$$

测出两只蛋的质量并记为P和p。如果称重后蛋清和蛋黄与蛋体积是正比例关系，也就是说同蛋直径的立方是正比例关系：

$$(P\text{-}x) : (p\text{-}y) = D^3 : d^3$$

于是我们得到了一个二元方程组。

求解方程组得出：

$$\begin{cases} x = \dfrac{p \times D^3 - P \times d^3}{d^2(D-d)} \\[3mm] y = \dfrac{p \times D^3 - P \times d^3}{D^2(D-d)} \end{cases}$$

10. 俄罗斯硬币

俄罗斯硬币[1]的质量和面值成正比，也就是说2戈比硬币的质量为1戈比的2倍，3戈比硬币的质量是1戈比硬币的3倍，以此类推，能自由兑换的银币同理。比如20戈比的银币质量就是10戈比硬币的两倍。由于同类硬币的几何形状相同，因此，只需得知一枚硬币的直径，就能计算另一枚硬币的直径。

【题目】已知币值为5戈比的硬币直径是25 mm，那么3戈比硬币的直径为多少？

【题解】面值为3戈比的硬币体积是5戈比的 $\dfrac{3}{5}$ 即0.6倍，相应地，其重量也应该是5戈比的 $\dfrac{3}{5}$。也就是说，3戈比的直径应为5戈比直径的 $\sqrt[3]{0.6}$ 倍，也就是约0.84倍。那么，币值为3戈比的硬币的直径就约是：

$$0.84 \times 25 = 21 \text{ mm}$$

实际上是22 mm。

11. 百万卢布的硬币

【题目】假设有一枚面值为100万卢布的硬币，其几何形状和普通硬币并无不同，但是重量较之20戈比的硬币重些。这样的一枚硬币直径是多少呢？如果把这枚硬币放在小汽车的旁边，它会比小汽车高多少？

【题解】首先这枚硬币没有我们想象的那样大，其直径只有3.8 m，比一层楼高些。其体积为20戈比硬币的5 000 000倍，于是它的直径（和厚

[1] 指20世纪上半叶时的硬币。

度）便为20戈比硬币的 $\sqrt[3]{5\,000\,000} \approx 172$ 倍。

那么，100万卢布硬币的尺码为：

$$22 \times 172 \approx 3\,800 \text{ mm=3.8 m}$$

很显然，这枚大面额的硬币的直径（及其厚度）远比我们想象的小，高度大概是小汽车的2倍。

【练习】如果我们将面值是20戈比的一枚硬币扩大到同4层楼等高（见图168），它的面值会是多少？

图168 一枚被放大的银币

12. 插图中的夸张成分

看了前面的例子，大家应该已会依照直线尺寸对比几何形状类似的物体的体积，那么，大家以后遇到该类问题就不会手忙脚乱，并且不会犯如同刊载于画报上的一些插图中常常出现的那些臆造画面的过错。

【题目】以整数的均值计，如果每人每天食用400 g牛肉，那么一个寿命为60岁的人一生中食用的牛肉约为9 t。由于一头牛的平均重量是0.5 t，这样折算下来一个人一生要食用18头牛。图169摘自一本英语杂志上的插图，图中绘制了一头非常大的牛，并且在靠近牛的地方画了食用牛肉的一个人。这张画比例对不对？

【题解】首先，这幅插图画得并不正确。按照这幅配图中人和牛的比例，这只牛的高度是现实生活中牛的18倍，当然，其长和宽也为18倍。因此，其体积是现实生活中牛体积的18×18×18=5 832倍，一个人活上2 000年，才能吃完这么大一头牛。

正确的作图方法是：画中牛的高和长及宽应该为正常牛的 $\sqrt[3]{18}$ 即约2.6倍，唯有这样方不会给读者留下错误的印象。

图169　一个人一生耗费的牛肉量（挑出图中的错误）

【题目】每人每天饮用的各种饮料约为1.5 L（7杯～8杯），如果一个人能活70岁，那么他一生饮用的各种饮料就为40 000 L。由于平常的桶其容量是12 L，这意味着，配这幅图的人得制作一个超出一般水桶3 300倍的容器。那么图170所示的插图对吗？

图170　每个人一生所需的饮水量（挑出图中的错误）

【题解】插图的尺寸有些夸张。该容器的高与宽应是一般水桶的
$\sqrt[3]{3\,300}$ 即约14.9倍，取整数便为15倍。假设一般水桶的高和宽分别为
30 cm，这样一来，盛装我们一生饮用水的桶，就该是高同宽均为4.5 m的
大型水桶。于是，图171的水桶比例是正确的。

通过上面的例子我们了解到，根据容器形状图示统计数据不可靠，易
造成不好的影响，最佳的方式是柱式图表。

图171　关于一个人一生饮水量正确的图示

13. 体重

如果从几何学方面来说人体相似（取均值的条件下），那么知道身高
就能求得体重（人类身高的平均值是1.75 m，体重的平均值是65 kg）。这
个计算结果超出了大多数人的预料。

如果你的身高比中等个头的人低了10 cm，那么你的体重应该是多少
呢?

在现实生活里，我们一般用下面的方法求解这类题目：用平常体重去
减体重的一定百分比，就得到了10 cm占中等个头的百分比。在现在的已
知条件下，就是：

$$65 - 65 \times \frac{10}{175} \approx 62 \text{ kg}$$

许多人认为这就是答案。

但是，严格讲这个结果是不正确的。

要求得正确的体重，就得使用下面的式子：

$$\frac{65}{x} = \frac{1.75^3}{1.65^3}$$

于是求得$x \approx 54$ kg。

通过这个方法求出的结果与平时大家用的方法计算的结果相差大约8 kg。同理，高于中等身材10 cm的人的体重就应以下面的比例式求：

$$\frac{65}{x} = \frac{1.75^3}{1.85^3}$$

解得$x \approx 78$。

结果为78 kg，即超出平均体重13 kg。超出的体重是人们始料不及的。

毋庸置疑，求出精确的结果对于医学实践非常关键，如要根据精确的体重确定药量时。

14. 巨人和侏儒

巨人和侏儒的体重有着怎样的比例关系呢？相信大家大部分都不会接受"巨人的体重是侏儒的50倍"这个事实，但是，它却是我们通过几何计算求得的结果。

位列巨人第一位的文克尔迈耶是奥地利人，身高达278 cm；第二位的克劳是法国阿尔萨斯人，身高达275 cm；第三位的奥柏利克是英国人，身高达268 cm，有故事说他能就着路灯点烟抽。

他们比一般人高1 m。

反之，侏儒的身高一般都只有75 cm，比正常人矮1 m。下面我们就来看看巨人和侏儒的体重存在怎样的比例关系。

巨人和侏儒的体重及体积的比例关系为$275^3 : 75^3$或者$11^3 : 3^3 \approx 49$。

这充分说明，巨人的体重大约是侏儒的50倍。

如果真的有名叫阿吉百的38 cm高的侏儒，那么她和世界上第一巨人的比例会更大：第一巨人身高是她的7倍，体重就是她的343倍。布丰说他给一个侏儒测身高，那位侏儒的身高仅有43 cm，那么，这个侏儒的体重只不过是巨人的$\frac{1}{260}$。补充一下，我们对侏儒和巨人体重的比例关系的估算存在较大的误差：我们得出这些结果的前提是巨人和侏儒的身体比例相同，不过现实是，侏儒和中等个头的人的身材存在较大差异。仔细观察你会发现，其实侏儒身体的每个部位的比例与正常人的完全不同，巨人也是如此。称一下体重就明白了，本节最后的那位侏儒同巨人体重间的比例关系比我们求出的结果要少50。

15. 游记中的几何学

《格列佛游记》里涉及了几何学，而且竭尽全力回避几何学上的错误。想必读过此书的朋友都不会忘记，小人国的一英尺就是现实世界的一英寸。简而言之，小人国的任何一个人、任何一样物体都仅为现实世界的 $\frac{1}{12}$，相反大人国中的任何物体都是现实世界的12倍。这些几何关系，刚开始接触会不以为然，不过，在你用它们求解几何题的时候，你就不会觉得简单了。

（1）格列佛每顿饭吃的东西是小人国的人的几倍？

（2）格列佛缝制一套服装需要的布料是小人国的人的几倍？

（3）大人国的人体重多少？

这本游记的作者斯威夫特在很多地方都能清楚描述书里涉及的几何关系。他精确地算出，小人国任何人的个头都只是格列佛的 $\frac{1}{12}$，这意味着，小人国人的体积便为他的 $(\frac{1}{12})^3 = \frac{1}{1\,728}$；由此，格列佛要填饱肚子的话，就得吃小人国人的食量1 728倍的东西。下面是《格列佛游记》中对吃饭情节的描述：

300名厨子为我做饭，地点就在离我住所不远的一排小舍里，做饭条件不错，他们的全家老小也都搬过来住，每个厨师做两个菜。我捡起20个仆人放在餐桌上，还有200人站在地上伺候，肩上都扛着东西：有的扛菜碟、有的扛酒桶。无论我要什么，桌上的用人都能身手敏捷地用绳子把它吊上来……

斯威夫特将用于给格列佛缝制服装的布料都精确求出了。主人公身体面积是小人国人的12×12＝144倍，于是，他做一套服装的布料和裁缝人数也应该是这么多倍。著者将这些都想到了，并且通过游记里主人公的嘴表达了出来。格列佛说，大概有300个小人国的裁缝（图172）给他缝制衣服。裁缝根据小人国的服装款式打算给格列佛制作整套服装，但因为着急，于是多派了一倍的裁缝。

小说的每一页几乎都要进行类似的运算，不过整体看来，作者的计算还算精确。诗人普希金如果在《欧根·奥涅金》中笃定"时间是根据日历算出来的"，那么《格列佛游记》里提到的尺寸都合乎几何学定律，只有个别处的比例不恰当，特别是写到大人国的一些情节时出现了失误：

图172 小人国的裁缝在为格列佛量体裁衣

记得侏儒被撵出宫前曾有一天跟着我们来到花园。小阿姨把我放到地上，我和他离得很近，又正好挨着十几棵长得不高的苹果树。我灵机一动，指着矮树笑骂矮人。那浑小子借此机会发恶，趁我走到一棵树底下时，猛地晃动树干。12只酒桶一般大的苹果，被他晃落，劈头盖脸砸了下来。我当时正弯下腰去，有一只苹果砸中了我的后背，当即把我砸趴在地上……

格列佛在让苹果砸后居然安然无事地爬了起来。然而，我们不妨求解一下，酒桶般大的苹果砸在了格列佛的后背，按理说应该是很疼的：大人国的苹果质量可是正常世界中苹果的1728倍，重达80 kg，并且是由正常世界中苹果树12倍高的高度落下的，它的击打力度是普通苹果的20 000倍，和炮弹的威力相差无几……

除了这个苹果树和苹果外，斯威夫特在求解大人国的人的肌肉力量时出现了更大的失误。我们在第一章就得知，大动物的肌肉力量往往不与其直线尺寸成正比。如果我们将第一章里谈到的理论应用在大人国的人的身上，可知其肌肉力量是格列佛的144倍，而大人国人的体重却是格列佛的1728倍。因此，格列佛有可以抬起自己的力量，也能够搬动近似他体重的东西，而大人国的人躺下后却动弹不得，因为肌肉力量不足以支撑那样的体重。但是，斯威夫特将他们肌肉的力量描述得惟妙惟肖，这进一步证明了他计算上的失误[1]。

16. 尘埃和云为什么会浮在空气中

"因为它们比空气更轻"——一般人都会这么想，并且大多数人对这样的说法都是认同的，不会去质疑。殊不知他们的这种想法不正确。要知道尘埃的密度不但比空气大，而且是空气的密度的几百倍甚至数千倍。

尘埃是不同物体的微粒，比如石头碎屑、玻璃碎末、煤的粉尘、木屑、金属的粉末、纺织物纤维，等等。难道这些物质都轻于空气？如果我们知道它们的密度后就不难发现，这些东西有的甚至是水的密度的几倍。

当然，其中有些密度小于水，重量仅为水的 $\frac{1}{2}$ 或 $\frac{1}{3}$。但是，我们都知道水的密度是空气的800倍，换算一下便知尘埃的密度即便不是空气的数千倍，最少也是空气的数百倍，多数人对这个问题持有的看法明显没有科学依据。

那么，真正原因是什么？

首先要知道，大家对这一现象存在认识上的误解，以为尘埃是"浮"在空气中的。然而，如果物体想要浮在空气（液体）中，其质量须不大于与其相同体积的空气（液体），而尘埃的密度是空气的很多倍，同等体积情况下质量定然远大于空气，所以尘埃并非浮在空气中，而是在向地球下坠，只是由于空气的摩擦力影响了它们的下降速度。下落的尘埃首要的任务是在空气分子中为自己开辟一条落下去的通道，这时它们会将空气挤到旁边，或者拖着空气一起下沉。但不论是挤还是拖都要耗费下落的能量。和重力相比，下沉物体的横截面积越大，能耗越大，在质量体积较大的物体下坠时空气阻力的作用微乎其微，因为物体的重力比空气摩擦力大太多了。

现在我们来探讨一下物体的体积变小后结果会怎样。几何学可以很明确地解释这个问题，我们知道，一旦物体的体积缩减，物体质量的缩小速

---

[1]　见别莱利曼《趣味力学》。

度要比横截面积缩小速度快，毕竟物体质量和体积正相关，而体积和物体半径成三次方，横截面积和半径成二次方。

这些跟我们讨论的话题有何关联呢？我想大家看完下边的例子就明白了。现有一直径为10 cm的大球和一直径为1 mm的小球，两个球直径比为100∶1，质量比为1 000 000∶1，而小球其在下沉的途中受到的空气摩擦力却只为大球的$(\frac{1}{100})^2$，也就是$\frac{1}{10\ 000}$。显然，小球下坠比大球慢。换句话说，尘埃之所以能浮在空气中，正是因为它们的直径小，而不是因为它们比空气的密度小。直径是0.001 mm的水滴匀速下落的速度仅为0.1 mm/s，我们无法察觉的微小气流都会影响到它们的下落。

而这正是有人住的房间比无人住的房间灰尘少的原因，也是白天比晚上灰尘少的原因，尽管人们认为恰好相反。出现这种现象的原因在于，空气里的旋涡气流影响了尘埃的下沉，而无人的场所空气较为平静，一般很难形成旋涡气流。

若将体积为1 cm³的石头加工成一个个边长为0.000 1 mm的细小尘埃，那么其表面积将增大10 000倍，尘埃下沉时的空气摩擦力也会增大10 000倍。一般尘埃都不大，所以，空气同尘埃之间的摩擦力是影响尘埃下沉速度的重要原因。

云"浮"在天空不坠落的原因也是相同的。"云是由含有水蒸气的小水泡形成的"这个错误看法早已被人们推翻，事实证明云是由水微粒构成的。不过，尽管这些水微粒的密度是空气的800倍，它们还是不会非常迅速地下沉到地球表面，而是仅以缓慢的速度下降。其中的道理和尘埃"浮"在空中的道理是一样的，即使是很微小的气流都会阻止云的下沉，这些气流可以将云支撑在某个高度，甚至可以让云徐徐上升。

存在这种现象的最根本原因就是空气的存在。如果处在真空环境中，无论是尘埃还是云（如果真的存在），它们都会以重物下落的方式落下。

第十二章

几何学里的经济学

1. 买地

用列夫·托尔斯泰的一篇小说《一个人需要很多土地吗？》中的情节来开启我们的章节的确有些奇怪，不过相信大家慢慢会理解的。

"怎么卖的？"帕霍姆问。

"都一个价，1 000卢布一天。"

帕霍姆没听懂。"论天算？这怎么讲？一天几俄顷（1俄顷=1.092 5公顷）？"

"我们不懂怎么算账，"一个人道，"我们就是按天收钱，你一天占的地，都归你，反正这一天就是1 000卢布。"

"你是知道的，"帕霍姆以为自己听错了，"一天的工夫能占不少的地。"

酋长笑了起来。"圈到的地都是你的，"他说，"当然，如果当天你回不到约定地点的话，我们是不会把钱退给你的。"

"那怎么做才能让你知道是我圈的地呢？"帕霍姆道。

"我们就守在你相中的地附近，我们在那儿等着你，你就放心扛着耙去圈地，看中的地就标记一下，比如刨个小坑、扔块草皮等。我们就跟着你，顺着你做的标记把地界帮你整出来。无论你走出多大的地方来，只要太阳落山以前返回起点就可以，你走过的地方，都属于你。"

巴什基尔的人都离去了。他们相约天亮前在此集合，太阳升起以前到达约好的地点。

东方微明，他们就到了草原。酋长站在帕霍姆跟前，大手一挥。

"看见了吗？"他道，"这全是我们的。你就任意选吧。"

他取下皮帽，搁到了地上。

"我做上了标记，"他讲，"你从这儿离开的，就返回到这儿。占多占少全归你。"

太阳出来了，帕霍姆拿起耙走向远方。

他前行了大概有1俄里（1俄里=1.066 8 km），站住了，往地上刨个坑，接着朝前走。

走了一会儿，他再次停下刨坑。步行5俄里后，他仰望天空，观察了会儿太阳，估计是早饭时间。

　　"这些路是马一口气就能跑出来的,"帕霍姆心说,"马一天都跑上这么4段呢,目前返回去有点过早。我就继续向前走5俄里,然后朝左拐。"于是他又径直向前走。

　　"差不多了,"他想,"这个方向上占的不少了,该到了拐弯的时候了。"他收住脚步,挖了个大点的坑,拐到左边去了。

　　在左边他走出很远,之后第二次拐了弯。帕霍姆扭头看了一眼土丘,地上升起的热气让土丘看上去朦朦胧胧的,上面的人也是隐隐约约的。"哦,"他想,"都走了2个长边了,下面来个短点的边。"他开始走第3条边了。

　　朝天空望了望,这才发现太阳都快到头顶了,然而第三边只走出了2俄里,和约定的地方相距15俄里。"来不及了,"他心说,"哪怕圈出的地不规整,现在也只能直行了。"帕霍姆迅速刨个坑,就回转身朝前走向土丘。

　　帕霍姆朝土丘走去,觉得腿很沉。他想休息,但不能。要是那样的话,太阳落山前他就到不了约定的地点,毕竟太阳马上就要落山了。

　　帕霍姆很吃力地向前走去,他不住地放快脚步,再加快。他走着,走着——但是和约好的地方还是那么远,他跑起来了,而且跑得很快……他口渴极了,全身都在冒汗,里面的衬衫及裤子都湿透了。胸腔里都"呼呼"地响,他的心"咚咚"地跳个不停。

　　帕霍姆使出浑身的力气在跑,但是太阳都朝西倾斜了,马上就要下去了(图173)。

　　终于快到约好的地点了。帕霍姆都能看见放在地上的皮帽和坐着的酋长了。

　　帕霍姆看了看太阳,太阳都到了天边,已经在下山。帕霍姆拼尽全力,铆足了劲儿跑向土丘。眼见皮帽就在咫尺。但就在此时,他的腿忽然瘫软,他也倒在了地上。他的两只胳膊伸向前,用手碰到了帽子。

　　"嘿,你真行!"酋长大叫,"这下子你算是有不少地了。"

图173　奔跑着的帕霍姆

有个雇工上前，打算拉起帕霍姆，没料到，他的嘴里直往外流血，他趴在那儿死掉了……

【题目】我们先不去想小说中主人公的不幸，单单讨论一下里面包含的几何学内容。可不可以用小说里提到的数据求出帕霍姆一共圈出了多少土地？刚开始好像觉得它不可解，实际上一旦计算后就不觉得难了。

【题解】再次看一遍这篇小说，将其中的几何学内容分解出来，之后我们可以肯定小说里的数据完全能让我们解答出该题。而且还能画出帕霍姆圈出的地的平面图。

首先，我们读过小说后得知，帕霍姆圈出的地是四边形。我们看小说里描写第一条边的文字：

"我就继续向前走5俄里，然后朝左拐……"

这就说明，四边形的第一条边约为10俄里。

帕霍姆走出来的第二条边和第一条边的夹角为90°，不过，小说中并未提及第二条边的具体数据。

第三条边垂直于第二条边，小说里提到了它的长："然而第三边只走出了2俄里。"

第四条边的数据小说中有："和约定的地方相距15俄里[1]。"

依靠以上数据，我们就可做出帕霍姆圈到地块的份额平面图（图174）。不难得出，在图174中，四边形$ABCD$上的AB=10俄里，CD=2俄里，AD=15俄里，$\angle B = \angle C = 90°$。此时过点$D$作$DE \perp AB$，这样一来，要计算的边长$BC$也就是图中的$x$就很容易求出来了（图175）。我们发现在Rt$\triangle ABC$中直角边$AE$=8俄里，$AD$=15俄里，于是$ED = \sqrt{15^2 - 8^2} \approx 13$俄里。那么，帕霍姆圈出地块的第二条边长约13俄里。很明显帕霍姆计算时出现了失误，因此他才会以为第二条边比第一条边要短些。

你也见识了，我们能精确做出帕霍姆圈出的地块的平面图。毋庸置疑，小说家在创作这篇小说时，他的跟前肯定摆着同图174相似的图。

现在能比较容易地求出梯形$ABCD$的面积，这个梯形由矩形$EBCD$同Rt$\triangle AED$共同构成，如图175所示。其面积为：

――――――――――
[1]　这里有一事不太明白，帕霍姆距土丘那么远居然能看清那里的人？

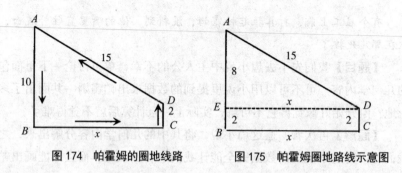

图 174　帕霍姆的圈地线路　　　　图 175　帕霍姆圈地路线示意图

$$S = 2 \times 13 + \frac{1}{2} \times 8 \times 13 = 78 \, \text{平方俄里}$$

利用梯形的面积公式也将求得同样的结果：

$$S = \frac{AB + CD}{2} \times BC = \frac{10 + 2}{2} \times 13 = 78 \, \text{平方俄里}$$

通过计算我们知道，帕霍姆圈出的地面积约为78平方俄里，即8 000俄顷左右，平均每俄顷地只用去了约0.125卢布，即12.5戈比。

2. 梯形和正方形

【题目】在帕霍姆累死的那日他走了一个梯形，路程一共是10+13+2+15=40俄里。他计划要步量出一个长方形的地块，但是却因计算失误而圈出了梯形地。要的是长方形地块，结果得到了梯形地，这对帕霍姆而言究竟是好还是坏呢？搞明白这个问题，也是一件很有趣的事。什么形状的地块面积更大呢？

【题解】40俄里周长的矩形种类众多，各个面积又都不同。

例如：

$$14 \times 6 = 84 \, \text{平方俄里}$$
$$13 \times 7 = 91 \, \text{平方俄里}$$
$$12 \times 8 = 96 \, \text{平方俄里}$$
$$11 \times 9 = 99 \, \text{平方俄里}$$

由以上的例子，我们不难看出，一部分周长为40俄里的所有矩形的面积大于现有的梯形。不过，也有周长都是40俄里但面积却小于梯形的状况出现：

$$18 \times 2 = 36\text{平方俄里}$$

$$19 \times 1 = 19\text{平方俄里}$$

$$19\frac{1}{2} \times \frac{1}{2} = 9\frac{3}{4}\text{平方俄里}$$

由此看来，我们无法对第一个问题做出明确的解答。在周长一样的条件下，有些矩形的面积大于梯形，而有些则小于梯形。那么，周长相同时，哪类矩形的面积最大呢？如果我们比较上面的计算结果就能看出，边长的差距越小，矩形面积越大。如果这样的话，很显然边长的差是零时，也就是在矩形呈正方形时面积最大，为 $10 \times 10 = 100$ 平方俄里。我们很容易发现，该正方形的面积大于与其同周长的所有矩形的面积。这意味着，帕霍姆要想步量到最大面积的地块，就应当圈出正方形的地块，唯有如此他才能得到比他圈到的面积大22俄里的土地。

3. 正方形的特征

大多数人不清楚正方形有这样一个特征：和周长相同的矩形相比，正方形的面积最大。现在我们一起来求证这一点。设矩形的周长 P，如果我们选相同周长的正方形，那么，该正方形的边长便为 $\dfrac{P}{4}$。现在将其一条边以及其对边缩短一个长度 b，与其相邻的边以及对边增加一个长度 b，则现在的正方形变成了周长仍为 P 的矩形，其边长分别为 $\dfrac{P}{4} - b$，$\dfrac{P}{4} - b$，$\dfrac{P}{4} + b$，$\dfrac{P}{4} + b$。于是，我们现在需要证明的是：

$$\left(\frac{P}{4} - b\right)\left(\frac{P}{4} + b\right) < \left(\frac{P}{4}\right)^2$$

经过变形整理后，左边的式子为 $\dfrac{P^2}{16} - b^2$

右边的式子减去左边的式子可得：$\dfrac{P^2}{16} - \left(\dfrac{P^2}{16} - b^2\right) = b^2$

由于对任何有理数来说 $b^2 \geq 0$，于是我们可知右边的式子大于左边的式子。

于是周长相同的情况下，正方形面积最大。

　　那么，我们就不难得出结论：在矩形面积相同的情况下，正方形的周长最小。我们可以反证一下，如果我们上面的结论不正确而且有这种矩形A存在：A的面积等于正方形B，周长小于B。那么，我们试着作一个与A同周长的正方形C，于是C的面积大于A。根据这两点可知C的面积大于B，然而正方形C的周长与正方形B比起来要小，而正方形C的面积却大于正方形B。很明显这是错误的，原因是，按理讲正方形C和正方形B相比边长要小，这意味着，它的面积应该小才对。简而言之，和正方形面积相等但周长小的矩形A不存在。也就是说，在所有面积相等的矩形中，周长最小的就是正方形。

　　如果帕霍姆清楚正方形的这个特征，他就能较为正确地衡量自己的体力，获得最大面积的矩形地块。如果他还知道一个白昼他可以轻松走出36俄里，他便会从容地走出边长为9俄里的正方形地块，这意味着日落之前81平方俄里的土地就纳入他的囊中了，比他以命换来的土地还多3平方俄里。相反，如果他的愿望仅仅是获得36平方俄里的矩形土地，这样的话，他无须费多少气力就可实现自己的梦想——顺着边长6俄里的正方形的四条边前行即可。

4. 其他形状地块的面积

　　或许，帕霍姆没必要非要圈出一个矩形地块，也可圈出一个别的形状的地块。比方说三角形、四边形或五边形等，但是这么做到底对帕霍姆有没有利呢？

　　我们下面从几何学方面来探讨这个问题。但是，出于对读者朋友产生厌烦情绪的担忧，我们这里就不讨论了，而仅告诉读者朋友我们的研究结果。

　　一，可以求证的是，周长一样的四边形中正方形的面积最大。由此，如果想要一块四边形的土地，帕霍姆就是再绞尽脑汁也没办法得到大于100平方俄里的地块（如果他一个白昼跑出40俄里是他能量的极限的话）。

　　二，同样可以求证的是，周长相等时，正方形的面积大于三角形。周长相等的等边三角形边长等于 $\frac{40}{3}$ 即 $13\frac{1}{3}$ 俄里，那么，设其边长为 a，则其面积 $S = \frac{a^2\sqrt{3}}{4}$，将 $a = 13\frac{1}{3}$ 代入得：

$$S = \frac{1}{4}(13\frac{1}{3})^2\sqrt{3} = 77 \text{ 平方俄里}$$

这个面积比帕霍姆圈出的梯形地块要小。

在后面的第9节内容中我们会证实当周长一样时，三角形中等边三角形的面积最大。假设拥有最大面积的三角形都小于正方形，那么周长相同的其他三角形的面积同正方形比起来就更小了。然而，在我们将周长相同的正方形、五边形及六边形的面积放在一起比较时，正方形的面积就不是最大的了：正五边形的面积就比正方形的面积大，正六边形则更大。举一个正六边形的例子你就不再怀疑了。假设有个正六边形的周长为40俄里，那么它的边长为 $\frac{40}{6}$ 俄里。其面积（依面积公式 $S = \frac{3\sqrt{3}a^2}{2}$ ）便为：

$$\frac{3}{2}\sqrt{3} \times (\frac{40}{6})^2 = 115 \text{ 平方俄里}$$

如果帕霍姆圈定的土地呈正六边状，于是在耗费相同体力条件下，就能得到比选定的地块多115-78=37平方俄里或是超出正方形地块15平方俄里的土地。当然，如果要做到这一点他还需要一个测角仪。

【题目】借助6根火柴棍拼出具有最大面积的图形。

【题解】利用6根火柴棍能拼出诸多的图形：等边三角形、矩形、平行四边形、不等边五边形、不等边六边形、正六边形。其实几何学方面的权威人士基本不用对比就能知道哪种图形的面积最大：正常情况下，这些图形中面积最大的是正六边形。

5. 哪种图形的面积最大

可以证明的是，总周长相同的多边形土地边数越多面积越大，其中又以圆形地块为最，其面积最大。如果帕霍姆圈出的地是圆形的，那么他一天之中跑出40俄里后可获得面积为 $\pi(\frac{40}{2\pi})^2 \approx 127$ 平方俄里的地块。

在周长相同的前提下，除圆形外无论图形的线条是直是曲其面积都不是最大的。那么怎么证明这一点呢？现在我们就来列举一下证据，不过说实话，我们的证据并不是特别的严谨，是施泰纳求证圆的特征时提到过的。其证明过程非常烦琐，对此感到厌烦的读者可忽略这些，当然，并不会影响学习后续的内容。

现在要证明的是在图形的周长一样时圆形的面积最大。第一步，确定需要测定面积的图形是凸边的。这样一来，这个图形的所有弦均在图形内部。如图176，如果图形$AaBC$中一条弦AB位于图的外部，那我们可以用和弧a关于AB对称的弧b取代它。这样做并不会使图形$AbBC$的周长发生变化，反而让该图形的面积有所增加。这就说明，同$AaBC$相似的图形在周长相同时不会内含最大面积的图形，于是我们可知要求的图形是凸边图形。

第二步，探讨该图形的另外一个特点：等分图形周长的任意一条弦也会等分图形的面积。如图177，如果$AMNB$正好是我们要求的图形，又如果弦MN将该图的周长2等分了，那么我们需要证明AMN和MBN的面积相等。现在假定这两个图形面积不等且AMN的面积大于MBN的面积，那么将AMN沿MN对称后得到的图$AMA'N$面积要大于图形$AMBN$的面积，但是周长并没有变。于是弦MN虽能将周长一分为二，却无法将图形的面积一分为二，那么图$AMBN$就不是我们要求的图形，因为周长一定时它的面积并非最大。

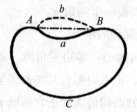 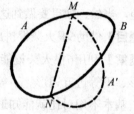

图 176　假定凸状图的面积最大　　图 177　假定弦二等分凸形图的面积及周长

在做第三步之前，我们先来求证一下：在已知两条边长的三角形中，面积最大的是已知边长夹角为90°的一个。

我们回头来看含两边长分别为a和b，夹角为C的三角形面积：

$$S = \frac{1}{2}ab\sin C$$

很明显，当两条边长为定值的情况下，在$\sin C$的值最大即$\sin C=1$时该三角形的面积最大，而在此条件下，当且仅当$\angle C=90°$时$\sin C=1$。于是我们就可以得到上边的结论了。

第三，求证周长相等的图形里圆形的面积最大。如图178，假设有面积最大的非圆图形$MANB$，作弦MN令其平分该图形周长以及面积，之后沿着弦MN对折，令MKN和MK′N对称，则此时MNK′M的面积和周长都应等于MKNM。由于MKN不是半圆周，因此，在该弦上定有点K令MK和NK不垂直，此时∠MKN和∠MK′N均不为直角。

将MK、NK、MK′与NK′分割移动并使MK⊥NK，MK′⊥NK′，则会出现全等的直角三角形。如图179，通过弦合并这两个三角形，将阴影部分连接至相应的地方得到M′KN′K′。因为Rt△M′KN′与Rt△M′K′N′的面积分别大于△MKN与△MK′N，所以其周长同原图形的周长相等，而面积却超越了原图形。这意味着，一切周长相等的非圆图形都不具有最大的面积。

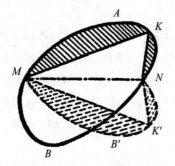

图 178　想象的具有最大面积的凸形图

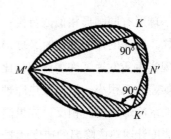

图 179　周长一定时圆面积最大

这就是我们求证"周长一定时圆形的面积最大"的过程。

另外，要证实"面积相等的图形中，圆的周长最短"这一论点也并不难。其实这个问题，我们探讨正方形时有过阐述（参阅第3节）。

6. 不易拔出的钉子

【题目】如果钉子钉的一样深且横截面积相同，那么哪种形状的钉子不容易拔出来呢？圆的、正方形的，还是三角形的？

【题解】一般认为，接触的面积越大钉子越不易拔出。由于钉子钉入深度相同，导致钉子横截面周长越大其接触面积越大。那么，我们上文提到的三种钉子哪一种的横截面周长较大呢？

我们都很清楚，在面积相同的情况下，正方形的周长比三角形的小，圆形的周长比正方形的小。如果将正方形的一条边长看作1，于是，上面三枚钉子的横截面周长就分别为：

三角形钉子：4.53；

正方形钉子：4.00；

圆形钉子：3.55。

由此我们可以看出，不易拔出的应该是三角形的钉子。但可能是因为三角形的钉子很容易弯曲或被折断，所以现实中并不生产这样的钉子，市场上也很少能见到。

7. 球形

球形有同圆形相似的特性：在面积相同的条件下，球形的体积最大。同样，物体的体积相同时，球形的表面积最小。球形具有的这些特征让它在现实生活发挥了许多作用，比如：球形炊壶比圆锥形或其他形状的同体积炊壶表面积小。根据散热原理，由于球形的表面积最小，于是球形炊壶内的水冷却最慢。相反，如果温度计底端的水银并非球状而为圆柱状，那么温度计遇热或降温的速度就要快上许多。

众所周知，地球由地壳和地核构成。由于地壳较为坚硬，在遭受可改变它表面形状的外部条件作用时其体积会变小，内部会变得更加紧实：在地球的外表产生了某些改变而偏离球形时，它的内部也会收缩。或许这种几何学事实和地震及地壳运动相关，不过这些问题并不是我们几何学要探讨的，还是交给地质学家们吧。

8. 相等的数的和与积

我们在前文中探讨的题目关注的好像都是经济方面，比如在耗费相同的体能的条件下（行进了40俄里）如何获取更多的利益（例如圈到更多的土地）。由此，我们为第十二章取章名为"几何学里的经济学"。但是，这仅仅是科普读物里的叫法，从数学的角度讲，它们有着另外的叫法：最大值和最小值。这类问题的题型各异且难度不一，有的题目需借助高等数学知识作答，也有的题目只需用最基础的数学知识就能解答。以下我们就探讨一些需借助几何学的题型，利用"和相等的乘数的积"这个知识点来求解题目。

我们已经了解了两个乘数的和相等时乘积的特点，深知周长相等时面积最大的矩形是正方形。假设我们将这些以几何语言表达的题目借助算术语言来表达的话，它们所代表的意思主要为：如果需要将一个数一分为二并使两部分乘积最大，则需要将数等分。

比如：

15×15，14×16，13×17，12×18，11×19，10×20……在这些数中，两个乘数的均为30，乘积最大的是15×15，就算你以小数来验算比如计算14.5×15.5，结果也一样。

这个特征可以扩展到三个数的情况，换而言之，三个乘数的和若是相等，那么当三个数相同时其有最大的乘积，这点承接前面的结论。

证明：

设有三个数分别为x、y、z，三个数的和为a：

$$x + y + z = a$$

如果x、y不等，用$\frac{x+y}{2}$分别代替它们，而这几个数的和并不会有什么变化：

$$\frac{x+y}{2} + \frac{x+y}{2} + z = x + y + z = a$$

不过，如同我们前面所讲的：

$$(\frac{x+y}{2})(\frac{x+y}{2}) > xy$$

总而言之，如果三个乘数x、y、z里有两个乘数不相等，就能找到既不使乘数的和发生变化又能使乘积大于xyz的数。因此，出现最大积的条件为：

$$x = y = z$$

也就是当和数相同时，三个乘数相等的情形下乘积最大。

后面我们将用和数相等的数乘积最大这个特点求解一些颇有意思的题目。

9. 什么样的三角形面积最大

【题目】要想让一个三角形三条边的和为定值的条件下面积达到最

大，该将此三角形做成何种形状呢？前面我们已经得知具有这一特征的三角形为等边三角形。但是，如何求证这一点呢？

【题解】就像我们从几何学课本中学的一样，计算三条边a、b、c以及周长$a+b+c=2P$时三角形面积S为：

$$S = \sqrt{P(P-a)(P-b)(P-c)}$$

变形整理后为：

$$\frac{S^2}{P} = (P-a)(P-b)(P-c)$$

很显然，唯有在三角形面积S的平方值S^2最大时，三角形的面积S最大。由题意知，P为一个定值，是周长的一半，但是，因为上面等式左右两边同时获得了最大值，那么就要看在什么样的情况下，各个乘数的积$(P-a)(P-b)(P-c)$取最大值。这三个乘数的和为：

$$P-a+P-b+P-c = 3P-(a+b+c) = 3P-2P = P$$

P为定值，则我们可以得出结论：它们的积在乘数相等的时候取得最大值。于是则有：

$$P-a = P-b = P-c$$

所以便有：

$$a = b = c$$

于是可得结论：当三角形周长一定时，边长相等时面积最大。

10. 圆木变方梁

【题目】现在我们需要把圆木加工成质量最大的方梁。该如何做呢？

【题解】这意味着我们需要在圆上找出面积最大的长方形。尽管大家在有前几节经验的基础上判断出答案的矩形应该是特殊矩形正方形，但是，用几何学知识求证这个推论还是颇有趣的。

如图180，设矩形的一条边为x，圆木横截面半径为R，那么矩形的另一条边为

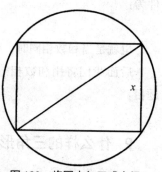

图180　将圆木加工成方梁

$\sqrt{4R^2-x^2}$。此时要求的矩形面积为：

$$S = x\sqrt{4R^2-x^2}$$

两边同时平方后为：

$$S^2 = x^2(4R^2-x^2)$$

由于被乘数 x^2 和乘数 $4R^2-x^2$ 之和为一个固定值 $4R^2$，那么，它们的积 S^2 在 $x^2=4R^2-x^2$ 即 $x=\sqrt{2}R$ 时达到最大，矩形的面积也会达到最大。

如此一来，面积最大的矩形每一条边与圆内接正方形的边长 $\sqrt{2}R$ 相等。那么毫无疑问，如果方梁的横截面为正方形，它的体积和质量就是最大的。

11. 将三角形改造成矩形

【题目】如果要用一块三角形硬纸板制作一个面积最大且某条边和底边平行的矩形，该如何做？

【题解】如图181，设给定的三角形为 $\triangle ABC$，$MNOP$是我们切出来的矩形。由于 $\triangle ABC \backsim \triangle MBN$，那么不难得出 $BD:BE=AC:MN$。

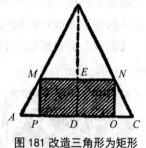

图181 改造三角形为矩形

经变形整理有：

$$MN = \frac{AC \times BE}{BD}$$

设三角形上顶点 B 到 MN 的间距 $BE=x$，矩形边长 $MN=y$，三角形边长 $AC=a$，三角形的高 $BD=h$。那么上面的式子就可变形为：

$$y = \frac{ax}{h}$$

这意味着，矩形 $MNOP$ 的面积 S 为：

$$S = MN \times NO = MN \times BD \times BE = y(h-x) = (h-x)\frac{ax}{h}$$

于是有

$$\frac{Sh}{a} = (h-x)x$$

矩形面积S会在（$h-x$）与x相乘的结果达到最大时最大化。由于h与a为已知的确定值，而$h-x+x=h$的和也固定，所以，在$h-x=x$的条件下，其有最大的积，于是$x = \frac{h}{2}$。

不难看出，要求的矩形一边MN应途经$\triangle ABC$高线的中点，连接$\triangle ABC$两条边的中点。于是，矩形$MNOP$的一条边和其对边为$\frac{a}{2}$，其相邻的两条边为$\frac{h}{2}$。

12. 制作无盖铁盒子

【题目】客户求白铁匠帮忙用一块60 cm^2的白铁皮做一个无盖盒子，要求盒子底为正方形，并且体积最大。如图182，经白铁匠反复测量，他有些迷茫了，因为他不知道究竟该将铁皮盒子的四边折多宽进去。那么，按照几何学，他该如何做呢？

【题解】假设要折x的宽度进去（图183）。此时正方形盒底的边长为$60-2x \text{ cm}$，盒子容积为：

图182　制作容积最大的铁盒子

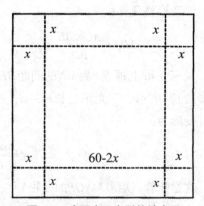

图183　底面为正方形的铁盒子

$$V = (60-2x)(60-2x)x$$

从前文中我们得知，当三个乘数的和是定值的情况下，三个乘数相等时积最大。不过这三个乘数的和为 $60-2x+60-2x+x=120-3x$ ，这个数字并非定值，而是随着 x 的变化而变化的。不过要想让三个乘数的和为定值也容易，只需给上式两边同乘4即可。结果是：

$$4V=(60-2x)(60-2x)4x$$

此时三个乘数的和为：

$$60-2x+60-2x+4x=120$$

三个乘数的和为一个定值120。于是当这些乘数相等时即当 $60-2x=4x$ 时三个乘数的积最大，此时 $x=10$ 。很显然，折10cm进去时加工出的盒子容量最大，为：

$$V=40 \times 40 \times 40=16\,000 \text{ cm}^3$$

从理论上来说，如果多折或少折1 cm，制作出的铁盒子的体积都要小一些。真实情况也是这样：

$$9 \times 42 \times 42=15\,876 \text{ cm}^3$$

$$11 \times 38 \times 38=15\,884 \text{ cm}^3$$

这些得数都比 $16\,000 \text{ cm}^3$ 小[1]。

13. 圆锥变圆柱

【题目】如图184，车工师傅领到了一块圆锥形的料，但是要求在最节约的情况下加工出圆柱体。那么究竟应该车成又高又细的圆柱体（图185左）还是车成又宽又短的圆柱体（图185右）？他无论如何也不清楚何种形状的圆柱体体积最大，也不清楚丢弃的边角料何时最少，怎么办？

图 184　将领到的圆锥形材料制成柱状

【题解】我们需要用几何知识来好好想想。如图186，ABC 为车工师

---

[1] 若底面正方形边长为 a ，如果要制作体积最大的盒子，须在各条边分别折进 $x=\frac{1}{6}a$ 。原因是 $(a-2x)(a-2x)x$ 或 $(a-2x)(a-2x)4x$ 在 $a-2x=4x$ 的情况下为最大值。

傅领到的圆锥体材料截面图。设圆柱体的上底同圆锥体的尖顶间的间距为 x，圆锥体的高 $BD=h$，底面半径 $AD=DC=R$，圆柱体的截面是 $MNOP$。要想使车出的圆柱体体积最大，则需要求解 x。

  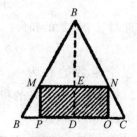

图 185 高而细的圆柱体和粗而矮的圆柱体　　　图 186 圆锥形和展开的柱状图

我们将圆柱体的底面半径 r（PD 或 ME）用下式表示：

$$\frac{ME}{AD}=\frac{BE}{BD}, \quad 即 \frac{r}{R}=\frac{x}{h}$$

整理变形后为：$r=\dfrac{Rx}{h}$

柱体之高 $ED=h-x$。由此，圆柱体的体积便为：

$$V=\pi(\frac{Rx}{h})^2(h-x)=\pi\frac{R^2x^2}{h^2}(h-x)$$

于是：

$$\frac{Vh^2}{\pi R^2}=x^2(h-x)$$

在分式 $\dfrac{Vh^2}{\pi R^2}$ 之中，h，π 及 R 都是定值，仅有 V 为变量，打算寻找让 V 最大的 x。然而 V 随 $\dfrac{Vh^2}{\pi R^2}$ 以及 $x^2(h-x)$ 的增大而达到最大。那么式子 $x^2(h-x)$ 在什么情况下才会出现最大值呢？目前我们有三个变量的乘数 x、x 和 $(h-x)$。如果这三个乘数的和为定值，那么三个乘数相等时其积最大。如果将 $\dfrac{Vh^2}{\pi R^2}=x^2(h-x)$ 两边同时乘以 2，让三个乘数的和为定值也不难。那么，我们就有：

$$\frac{2Vh^2}{\pi R^2} = x^2(2h-2x)$$

很显然，式子右边的三个乘数的和为一定值 $x+x+2h-2x=2h$ 。
因此，在三个乘数相等时其乘积最大，即

$$x = \frac{2h}{3}$$

此时 $\frac{2Vh^2}{\pi R^2}$ 最大，柱体的体积 V 也最大。

至此，我们明白了该加工出哪种圆锥体了：柱体的上底面要位于圆锥高（从上到下） $\frac{2}{3}$ 之处。

14. 如何接长木板

当你在厂里或家中做木工活时，如果发现木料直线尺寸不符合要求，该怎么办呢？

借助几何知识以及精妙的设计和运算，你可以很好地面对出现在你面前的难题。

如果出现了这样的状况：你做书架时，需要一块长1 m、宽20 cm的木板，但是你手头只有一块短一些且宽一些的木板，长只有75 cm、宽30 cm（图187）。

图187　既能接长木板又能不降低其强度的方法

如何解决这个棘手的问题呢?

你可以锯掉一条长度为10 cm的边,三等分这根木条,将其中两段接到大木板上(图187下)。不过这个办法存在缺陷,锯了两次拼接三次,操作烦琐费力,加工出的东西也不牢固。

【题目】能不能找到一个锯三次却只有一个接口的方法呢?

【题解】我们可以顺着木板ABCD的对角线AC落锯,将木板分成两个部分(图188), 将其中一部分(比如ABC)沿着对角线平移至C_1E,这个间距和短少的部分相同,也为25 cm,两个部分合起来为1 m。这个时候,顺着AC_1将两部分木板粘好,与此同时,将用阴影表示的三角形剩余部分锯下即可使木板符合要求。

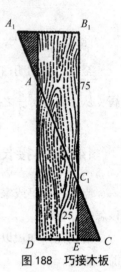

图188 巧接木板

其实,可依照$\triangle ADC \backsim \triangle C_1EC$,得到下面的式子:

$$\frac{AD}{DC} = \frac{C_1E}{EC}$$

解得:

$$EC = \frac{DC}{AD} \times C_1E = \frac{30}{75} \times 25 = 10 \text{ cm}$$

继续解得:

$$DE = DC - BC = 30 - 10 = 20 \text{ cm}$$

15. 最近的路

现在我们来一起讨论有关极值的题型,这类题仅用几何作图法就能解出。

【题目】计划于一条河岸建造水塔,由水塔顺着水管为村A和村B供水(图189)。

那么,水塔选址在哪里方能使向两村铺设的水管最短?

【题解】该题实质上是求河岸到点A和点B距离之和最短的点。

假设ACB为要求的路线(图190)。

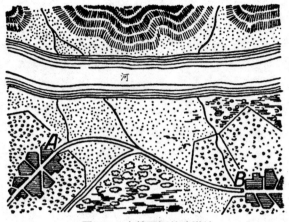

图 189 水管最短的建塔地

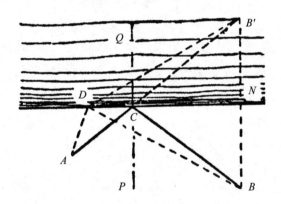

图 190 以几何法求离两端最近的点

找到B关于CN的对称点，记作点B'。若ACB就是我们需要的最短路线，那么由于CB'=CB，ACB'就是比其他路线（比如ADB'）都要短的路线。于是，要找到铺水管的最短线路，仅需寻找到AB'与河岸的交点C。

连接点C和点B，我们即可得知水塔到A村和B村的最短路线。

过点C作PC⊥CN后能够很清楚地发现∠ACP=∠BCP（即∠ACP=∠BCQ=∠BCP）。大家都知道，在光线经镜子返回时，光线的入射角等于反射角。于是我们得到了下面的结论：反射光的运动轨迹最短。实际上约2000年前，生活在古代亚历山大城的几何学家兼物理学家海伦就已经发现了这个规律。